U0071598

美肌女王

長庚醫院皮膚科醫師
李士虹◎著

文經社

推薦序 1

她，是美麗的搜尋引擎

台塑生醫科技公司董事長
王瑞瑜

五年前，剛開始跨入美麗的產業，FORTE（美緹護膚產品系列）很幸運，不似其他新興的化妝品品牌在草創時期需要「摸著石頭過河」，我們整合集團「產、醫、學」三方資源，秉持集團「要做就做最好」的精神，每一個步驟都有我們的堅持。

與士虹醫師的相識，是在五年前的FORTE品牌創立初期的「產、醫、學」會議上。士虹醫師既是長庚醫院皮膚科主治醫師，又身為長庚技術學院化妝品應用系講師，結合了醫院及大學的豐富資源，我們從深入探討肌膚需要什麼開始，不斷地從研發測試中學習，自實驗室研發，再至醫院臨床測試，士虹醫師總不吝提供她最專業的建議。

相信各位讀者與我一樣，在遇到問題時，都會試著先上網搜尋「關鍵字」，而士虹醫師則是我們團隊在諮詢美容保養問題時，最即時的「美麗的搜尋引擎」，她的「美麗」與「專業」以「正相關」呈現，並且對所有「美麗的問題」有她獨到且權威的見地，在我們提出疑問的「關鍵字」後，先整理我們的問題，縮小搜尋的範圍，精準切入問題的重點，再立即回應相關的答案。

也因此，我在翻閱這本書時，彷彿走進了時光隧道，過去在美容保養領域的疑問，都能在這本書中搜尋到答案，所有「美麗的關鍵字」盡收眼裡，士虹醫師將過去在皮膚科臨床的相關經驗作為分享的案例，為讀者在美容保養過程所產生的盲點與迷思一一解惑，相信讀者要成為「美肌女王」絕非難事！

推薦序2

全方位的美膚保養書

倫華文化藝術基金會執行長
台塑生醫Forte代言人 蔡依倫

初次見到李醫師，是在一場產品記者會上，當時我擔任該產品的代言人，李醫師則在記者會上解說皮膚的相關知識。我見到她的第一刻，忍不住驚呼，好漂亮的醫師，皮膚也好棒！經過幾次機會接觸之後，發現李醫師不只美麗，更是個非常親切、專業的皮膚科醫師。

談到皮膚保養，我本身是敏感性皮膚，照顧起來不簡單，所以不輕易嘗試不同的產品，或是當下流行的各種皮膚保養療程。我認為皮膚保養很重要的觀念，除了有基本常識之外，就是先了解自己的膚質，再規劃適合自己膚質的保養方法，這一點李醫師在這本書中也有強調。最近，我發現皮膚保養不只侷限於使用保養品，認識李醫師之後，遇到皮膚的小困擾，我會請教李醫師並提供我一些專業知識，怎麼保養才正確，讓我皮膚發生的問題慢慢減少。

即使是皮膚科醫師，不免讓人有醫師身分的距離感，但李醫師真的很不一樣，她不只專業，也能給患者像朋友般的感覺，讓人感到上醫院也很自在。所以我強力推薦找一位讓你感到信任、自在的專業皮膚科醫師，再將他的意見，納入你平日保養的環節之一，你會發現在皮膚保養上可省很多力、少走許多冤枉路！

或者，你也可以先讀李醫師這本講述美容保養的書，它是一本坊間少見的全方位保養書籍，不但相當完整，舉凡大家會碰到的全身性皮膚問題都囊括其中，而且解決方式不單單從外在著手，更強調體內的保養，以飲食、運動等健康基礎來打造美麗，可說是從頭到腳、從裡到外的保養都顧及到了，相當難能可貴。

如果你想要擁有以健康為基礎的美麗外表，這本集結深厚專業的新書，你一定要讀！

自序

聽別人說，不如聽醫生怎麼說

長庚醫院皮膚科主治醫師
李士虹

文經社第一次邀我寫書的時候，也不知道哪裡來的勇氣答應了這個挑戰，完成了第一本書《28天美白嫩膚》，雖然寫書和出版的過程並不輕鬆，可是當編輯又來找我寫第二本書的時候，我早忘了上次寫書的辛苦又答應了，純粹是想跟大家分享和傳達正確的美膚回春方法，於是第二本書《美肌女王》也誕生了。

算來我不是個太愛漂亮的女生，不小心考上醫學院又進了皮膚科，接著遇上醫學美容盛行，於是在十幾年的行醫過程中，除了治療皮膚病之外，也順勢慢慢摸索體會、增進精進各種美膚保養的方法。因為看過為了治療痘痘擦茶樹精油灼傷的案例，也遇過敷面膜過夜導致過敏的案例，深深感覺：錯誤的保養比不保養還可怕！我想現代女性除了要有好的EQ（情緒智商）之外，更要有好的BQ（美麗智商）。相信你的身邊一定有從不保養的男生，但皮膚卻比你的皮膚還要好，所以與其道聽塗說或者聽信網路謠言，不如聽聽醫師怎麼說吧。

過去在醫界，皮膚病曾被視為小病而乏人問津，其實皮膚科之美不僅止於皮屑而已，在長庚醫院皮膚科的王國裡，有許多難得的好老師和好同事，也有來自全台各地的病人朋友，如果我的專業能得到一點點肯定，全要感謝這些曾經教導我、幫助我的人，謝謝你們讓我有不斷成長的機會和能量。

隨著醫學美容蓬勃發展，將來仍會不斷有更新的技術和儀器推出，但我相信正確的保養觀念是不會改變的，這本書除了臉部皮膚保養之外，也包含了身體皮膚保養的章節，以及常見的醫學美容回春治療，衷心希望各位能從書中得到你想要的答案，人人都成為美肌女王！

錯誤的保養比不保養還可怕！我想現代女性除了要有好的EQ（情緒智商）之外，更要有好的BQ（美麗智商）。

目次 contents

PART 1 傲人美肌の12堂課

PART 2 無瑕美體の5堂課

PART 3 無齡美人の4堂課

Foreword

前言

愈來愈美！我的吸引力法則

許多人對皮膚科醫師的第一印象就是「皮膚很好」、「看起來比實際年齡年輕」，難道皮膚科醫師有仙丹妙藥維持青春美麗嗎？

我們沒有仙丹妙藥，但的確有很多原因可以讓我們容易保持好膚質：第一個原因是皮膚科醫師的基礎保養做得比一般人「正確」，有些人花了很多時間和金錢在保養上，可是皮膚卻沒有好到哪裡去。第二個原因是皮膚科醫師知道避免錯誤，錯誤的保養觀念會加重皮膚的負擔，甚至造成傷害。第三個原因是職務之便，每天接觸各種醫學美容治療，只要皮膚有狀況或是瑕疵，馬上就可以用最專業的醫學方法處理。

想要擁有漂亮的皮膚和更年輕的外表，其實並不困難，重要的是給自己一個理由和動機，我維持美麗的動機很簡單，不只是單純的身為女人愛美，也為了讓來看診的人對我有信心，讓我的專業加分，你呢？聽過「吸引力法則」嗎？吸引力法則是指你生命中所發生的一切，都是你吸引來的，你的想法快樂就吸引快樂，因而更快樂；你的想法悲觀就吸引悲觀，因而更悲觀。所以維持一個積極的愛美想法，會吸引更多美好的事物，當我接觸更多求診的愛美人士，我發現自己也越來越美，這就是吸引力法則！如果你不是認真要讓自己看起來更美，永遠都會想「等到明天再說」，那就吸引力不足，自然你的皮膚狀況不會獲得改善。有了動機和吸引力，你會更有行動力！

我也相信隨著各種美膚回春技術的進步，漸漸的會有很多的母女愈來愈像姊妹，女人可

想要擁有漂亮的皮膚和更年輕的外表，其實並不困難，重要的是給自己一個理由和動機，我維持美麗的動機很簡單，不只是單純的身為女人愛美，也為了讓來看診的人對我有信心，讓我的專業加分，你呢？

以老得愈來愈慢，只要你做對了保養方法，找到了好的美膚醫師，你可以永遠比身分證上的年齡還年輕，我想這是這個時代超級迷人可愛的地方。希望每個人都可以開始自己的美膚回春方程式，真的一點也不難！

每日Live 公開我的美肌祕訣

常常有人問起我自己如何做保養，基本上我很樂於分享我的私人美肌方法，不過在不同的年齡、不同的季節問我，我可能會有不同的答案哦。以下公開的美肌祕訣是針對我個人目前的膚質與對美的要求所設計的方法，不見得適用於每個年齡、每個人身上，保養品的部分我也會看皮膚狀況替換品牌和品項，因為我認為保養其實要保持一個動態變化，而要有能力維持一個動態變化，判斷什麼時候要換保養品、要做何種美膚治療，則需要你對自己膚質的瞭解和專家的建議，希望看過這本書後，大家都可以當個美膚達人。

我的保養point

我的美肌保養有「三不」和「三要」政策，就是不熬夜、不做去角質、不擠粉刺，要防曬、要美白、要敷面膜。為何有這「三不三要」政策呢？讓我說明如下：

• Point ❶ 不熬夜——每次一熬夜，不只黑眼圈加重、皮膚乾巴巴，還可能冒出大痘痘，這時所有的關懷迎面而來「你沒睡好哦？最近比較忙吧？」這種關懷的壓力反而更讓人難堪。而且我每次熬夜隔天一定要補眠，其實工時並沒有增加，結果還是要把失去的睡眠補回來，所以如果有需要增加工作量的任務，我都盡量提早準備，以免傷了身體又賠了面子。

• Point ❷ 不做去角質——我知道很多人定期做臉去角質，而我卻不做，除了自己懶之外，經常接觸到去角質去出問題的案例，也讓我的保養行事曆上，從不排入去角質行程。

• Point ❸ 不擠粉刺——我瞭解處理粉刺有比擠更好的方法，這包括藥品、保養品和雷射治療。再說只要我會分泌油脂，就會永遠有擠不完的粉刺，想要沒有粉刺那恐怕要等到我變成祖母的時候吧！所以乾脆不擠，否則擠出毛孔鬆弛和凹洞，可是得不償失。

• Point ④ 要防曬——如果早上起床，時間匆忙到令我只能選一樣保養品來用，我一定挑防曬乳，對我而言，沒有任何一種保養程序的重要性比得上防曬。

• Point ⑤ 要美白——因為抗氧化的概念普遍認同，做到抗氧化就等於對抗自由基，也就是減少老化和減少黑色素形成，而現在的美白產品，許多都提供抗氧化的成分，所以我可以一邊美白一邊抗老。

• Point ⑥ 敷面膜——敷面膜算是我保養行事曆上最大的工程，雖然這要花上我15分鐘的時間，對於講求效率的我來說，我認為非常值得，每次敷完面膜之後，都能感受到皮膚被深深的滋潤和呵護。我特別喜歡保濕型的面膜，它是我旅行時的好朋友，能讓我在上妝時保持最佳狀態。

我的日常保養程序

因為工作是皮膚科醫師的關係，我會收到各種保養品牌的各類護膚產品，邀請我試用或評比，剛開始接受這些禮物的時候，每一種都想拿來用一下，從一開始挑瓶子最美的，不然也要挑價錢最貴的，到最後懂得挑選適合且有效的產品來保養，如今我的化妝台早已擺不下這些瓶瓶罐罐，只好另闢一個專櫃來整理這些東西，隨時把合適的產品送給合適的朋友使

用。這讓我想到每次去點冰淇淋的時候，雖然冰箱裡擺滿各種口味的冰淇淋，看起來好像每種口味都很好吃，結果我最常點的還是香草冰淇淋。

寫到這裡，其實我想說的是：我的保養程序已經化繁為簡，每次的保養很少會超過三種品項，真的很簡單，一般來說：早上是清水洗臉，然後擦上維他命C和防曬，接著上妝。晚上是卸妝洗臉後，每天輪流使用各種抗氧化成分的保養品。

聽過「吸引力法則」嗎？吸引力法則是指你生命中所發生的一切，都是你吸引來的，你的想法快樂就吸引快樂，因而更快樂，你的想法悲觀就吸引悲觀，因而更悲觀。所以維持一個積極的愛美想法，會吸引更多美好的事物，當我接觸更多求診的愛美人士，我發現自己也越來越美，這就是吸引力法則！

簡單易學的保養程序

李醫師的日、夜保養程序

早上保養程序1

清水洗臉

因為我算是偏乾的肌膚，所以早上只用清水洗臉不用洗面乳的習慣是從大學時代就開始，可以避免因為使用洗面乳而洗去過多油脂，這樣簡單的洗臉方式，省了時間也省了荷包。

早上保養程序2

美白維他命C

洗完臉後我會擦上維他命C的產品，維他命C除了美白功效外，好的左旋維他命C也能夠淡化細紋，在白天擦左旋維他命C也可以對抗紫外線增強防曬效果，網路謠傳說白天擦維他命C會讓皮膚變黑，其實並不會，只要防曬工作做好。目前我常用的維他命C產品都添加有玻尿酸的保濕成分，可以減少再擦一罐保濕乳的程序。

1. 妮新　臉部加強型保養凝露
2. 理膚寶水　瑞德美抗皺精華

早上保養程序3

防曬乳

防曬是保養的最後一道程序，這一直是我保養品裡面使用量最大的種類，因為我除了臉部以外，任何衣服遮蔽不住的耳朵、脖子、手腳都會擦上防曬乳，而且會擦兩層以確保足夠的防護力。同時我也有不同防曬係數的防曬乳應付不同活動場合，也有身體專用的產品，另外準備大小不同的size，大罐的適合在家使用，小罐的隨身攜帶可以隨時補擦，家裡隨時都有大小數十罐的防曬乳，很驚人吧！

1. 防水，運動用：芙緹 FORTE 豔夏防護臉部防曬液 SPF50
2. 平日，上班用：雅漾 舒護清爽防曬乳 SPF50+
3. 第一名膜防曬保濕隔離乳 SPF50
4. 倩碧 超透感控油隔離霜 SPF25
5. 身體防曬：曼秀雷敦 SUNPLAY water kids SPF 30

晚上保養程序 1

卸妝油卸妝

白天有上妝時，晚上我都會使用卸妝油來卸妝，因為用油來卸除睫毛膏的效果讓我放心，推起來也容易。使用時擠壓出足夠的油量，通常是三到四次壓頭的量，如果油量不夠，往往卸睫毛膏的時候會讓睫毛膏的人造纖維刺激到皮膚，所以稍微奢侈一點的多用點卸妝油，會讓我的卸妝程序更溫柔。按摩約30秒，再用清水沖洗讓卸妝油乳化變白，這個過程必須要有耐心多沖洗幾次，一定要讓卸妝油完全乳化為止，否則可能因為乳化不完全而讓肌膚受到清潔成分的刺激。

1. 植村秀 漢萃斷黑淨白卸妝油
2. TISS 深層卸妝油

晚上保養程序 2

洗顏慕絲洗臉

卸完妝後用洗面慕絲洗臉，我會搭配冷水來洗，冬天也是用有涼意的水而非溫水，常用溫水洗臉很容易造成皮膚泛紅或過度清潔的問題，所以我只用冷水或涼水來洗臉。為什麼挑選使用洗面慕絲呢？因為一按壓頭便是柔細的慕絲，可以減少需要搓揉起泡的時間，加上我一向是動作輕柔快速，不會拖拖拉拉，整個洗臉的工作都在30秒內大功告成。

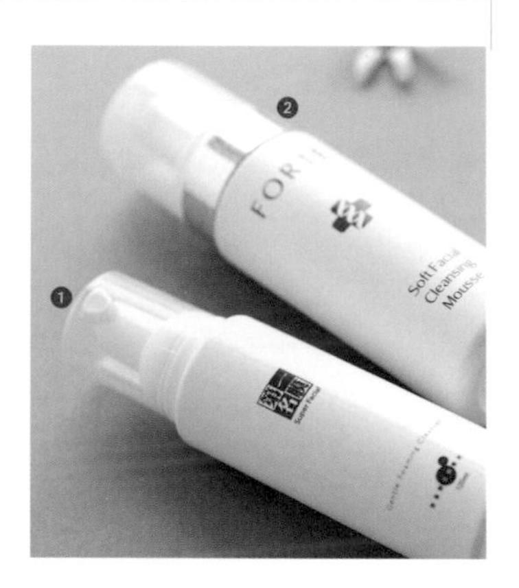

1. 第一名膜 胺基酸洗顏慕絲
2. 芙緹 FORTE 輕柔潔顏慕絲

晚上保養程序 3

輪流使用抗老產品

沒有一項抗老除皺產品是萬能的，所以我會輪流交替使用各種抗老產品，在我的保養程序裡面變化最大的是這道晚上的保養，而我喜歡用的抗老產品其實非常的多樣，從A醇、果酸、維他命C、生長因子、愛地苯、Q10、胜肽、凱茵庭等都用，當一天所有的保養結束後，最後便是上床睡個好覺，讓保養品能好好吸收，明天又可以開始精神奕奕的一天。

1. SKII 青春露
2. 妮傲絲翠 乳糖酸面霜
3. 雅頓 Prevage艾地苯橙燦精華
4. 寶齡富錦 青春泉凱茵庭B3精華液
5. 芙緹 FORTE 經典風華回齡眼霜

簡單易學的保養程序

李醫師的定期加分保養

定期加分保養

美白保濕面膜&果酸換膚

除了日常的保養之外，在膚況不太理想的時候我也會加強保養，最常做的便是敷面膜，通常一週會敷一次，敷面膜可以讓皮膚表面的微循環增加，使保養品的吸收更有效率，等於是一種加分保養，尤其是保濕面膜，敷起來很有感覺哦！而醫學美容的部分，我比較常做的是對手腳進行果酸換膚，因為我的上臂有毛孔角化症，摸起來粗粗的觸感很差，也影響美觀，通常會一個月左右做一次手腳的果酸換膚來改善毛孔角化。

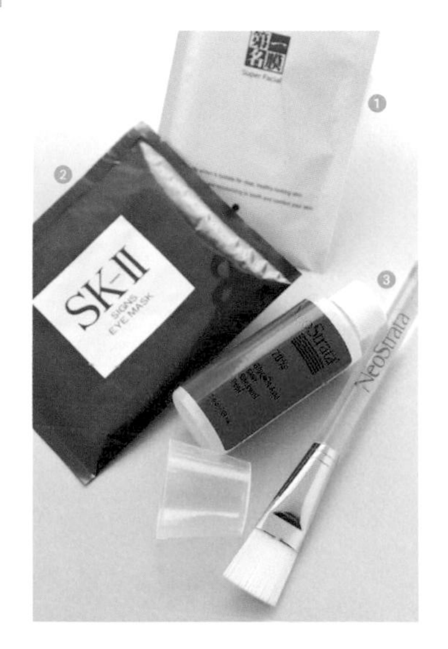

1. 第一名膜 美白保濕面膜
2. SKII面膜
3. 妮傲絲翠 醫療用70%果酸原液

我認為保養其實要保持一個動態變化，而要有能力維持一個動態變化，判斷什麼時候要換保養品、要做何種美膚治療，則需要你對自己膚質的瞭解和專家的建議。

傲人美肌の
12堂課

　　讓我們先從瞭解自己的膚質開始，再逐一探索肌膚乾燥、毛孔粗大、斑點、泛紅、細紋、鬆垮等影響美肌的常見問題，希望大家都能找到合適的保養方法，擁有傲人的美麗肌膚！

lesson 1

認識自己的膚質

認識自己的膚質是擁有傲人美肌的第一堂課，先從我的保養初體驗說起，我很喜歡跟大家分享這個經驗，容易引起大家共鳴。

記得第一次擦保養品是什麼時候嗎？相信很多人跟我一樣，這輩子第一次擦保養品，是從媽媽的化妝檯上拿來的，而這個經驗說起來其實就是一個「不瞭解肌膚需求」的故事，看完我的保養初體驗，你會瞭解保養的第一堂課，的確應該從瞭解自己的膚質開始。

從我的保養初體驗談起

記得國中時第一次使用保養品，懷抱著小女生想變成小女人夢想的我，心裡真的很興奮，想說只要每天擦乳液就可以和媽媽一樣漂亮了，可是擦著擦著，覺得滿臉油油的，心裡實在是有點納悶。「媽媽，我覺得你的乳液好油哦！怎麼你擦了臉都不會油油黏黏的呢？」我忍不住開口問媽咪。「真的會很油嗎？我覺得還好啊！你一定是沒有用蜂蜜香皂來洗臉就直接擦乳液，所以會覺得太油，只要用蜂蜜香皂洗完臉，皮膚就會很乾淨很緊繃，再接著擦這瓶乳液就會覺得很舒服了。」

媽媽回答的挺像個美容專家，好像也說服我了，所以我馬上用媽咪的蜂蜜香皂洗了把臉，果然覺得皮膚好緊繃好乾淨，整個油膩感都消失了。「媽，現在洗完臉了，真的很乾淨！可是臉繃繃的，好像繃到都不能講話了！這樣會不會洗得太乾淨了？」

「那就趕快擦乳液啊！不是跟你說洗完臉要趕快擦乳液的嗎？」在媽媽的催促下，我趕緊再上了一次保養乳液。「現在擦完感覺是不緊繃了，只是我覺得先把臉洗得乾乾的，再來擦很油的保養品，你們『大人的』保養品實在很麻煩也很奇怪。」

「對，對，大人的東西你就不要用，等長大一點再說吧！」沒想到媽媽就這樣打消了我用保養品的心意，反正那時候我的皮膚年輕本錢多，又沒有經濟能力，所以有關愛漂亮做保養的事情，我是等到上了醫學院，才開始對這些瓶瓶罐罐再燃起一些興趣的。那次保養品初體驗給我的感覺是：用了不舒服的保養品，還不如不要用！

現在回過頭來想想，國中時候試用媽咪保養品的經驗，根本是因為不瞭解自己的膚質，錯用了不適合自己膚質保養品的結果。因為國中時候正值青春期的我，應該算是中性偏油的膚質，媽媽的保養品是給熟齡肌膚使用的滋養霜，對於那時候的我來說，當然會過度滋養，難怪會覺得油油膩膩的不舒服。

再說蜂蜜香皂吧，對於超油的健康肌膚，用香皂洗臉的確是可以有煥然一新的感覺，可是不巧我是個敏感肌膚的人，用了強勁洗淨力的蜂蜜香皂，就像被脫了好幾層油一樣，反而承受不了這種乾淨緊繃的感覺。我的媽媽被我吐槽之後，後來也不用蜂蜜香皂了。

所以敏感性肌膚用了油性肌膚的洗面皂，結果是乾燥緊繃，中油性肌膚卻用乾性肌膚的滋養霜，結果是油油膩膩，皮膚當然是超級不舒服。

這種用了不合適保養品的經驗，可能很多人都曾經經歷過，國中時的我因為懶惰不求甚解的個性，當下是決定等長大了再用保養品。現在你我都已經是大人了，如果想要開始保養皮膚的話，應該先從瞭解自己的膚質開始，才不會用錯保養品喔！知道用正確的保養品比買貴的保養品還重要！

先做肌膚檢測

一般通常把膚質分成油性、中性、乾性及混合性肌膚（T字部位出油但兩頰乾燥），這主要是依據皮膚油水的含量來判斷。保養品的設計，通常也會分成油性肌膚專用、中性肌膚專用，和乾性肌膚專用。另外還有一類敏感性肌膚專用的保養品，是針對敏感性肌膚所設計。

如果擔心使用保養品引起刺激，最好的方法就是先做肌膚測試，不要先花錢把產品買回家。我建議你可以索取試用包或先到專櫃試用，先將產品塗一點在耳後或是手臂內側，如果去逛了一圈大約一個小時後，並沒有異常的狀況產生，像是發紅、發癢、感覺刺刺的，就表示這瓶保養品應該對你不會造成刺激。

如果買回去的保養品發現還是有些微不適感，也可以透過漸進式的使用方法讓肌膚適應。所謂漸進式的方法就是先從一個禮拜塗一次，到一個禮拜兩次，等肌膚適應之後就隔個幾天，到後來或許每天使用都沒有問題了。劑量的話也一樣，先從一點點開始使用，到後來慢慢適應後再用回正常的劑量。

如果你還不瞭解自己的膚質屬性，建議大家可以在美容專櫃做膚質檢測，無論是問卷式的還是儀器的檢測，都可以讓你更深入瞭解你的膚質，專櫃的膚質檢測可能是問卷式的，一步步回答問題之後會找到你對應的膚質，也有些化妝品專櫃或護膚中心提供儀器檢測，利用儀器來做膚質檢測，是很科學的方法，也很有說服力，我覺得是非常有趣的經驗，有的還提供皮膚年齡的分析，甚至可以列印出來。

美膚教室

關於膚質檢測

以儀器操作的膚質檢驗，至少會做到兩項基本的檢查，一項是皮膚的角質層含水量，一項是皮膚表面的油脂含量。有的儀器還可以加做皮膚彈性、斑點計算、皮膚紋理等檢測。

角質層的含水量，是皮膚保濕能力的重要指標。角質層的含水量加上油分的多寡，可以判斷皮膚油水平衡的情形，進而判斷膚質。

各位不妨找機會到專櫃做肌膚檢測，這樣便可以初步認識自己的膚質了。

膚質不是一成不變！

提醒各位美眉，膚質並不是一成不變的，它會隨著季節、溫濕度、還有年紀而改變的。

舉例來說，有些人雖然在夏天是油性肌膚，經常滿臉油光，可是到了冬天，卻有可能因為天氣的轉變，而造成油脂分泌減少，於是本來油性的膚質就變成了中性的膚質。所以夏天是油性膚質的人，到了冬天，因為天氣乾冷，可能變成中性膚質。而夏天是中性膚質的人，到了冬天，可能會變成乾燥脫皮的乾性肌膚。

記得根據季節、年齡、生理狀況，來做膚質的判斷，適時更換自己的保養品，這樣才能擦到最適合自己膚況的保養品。

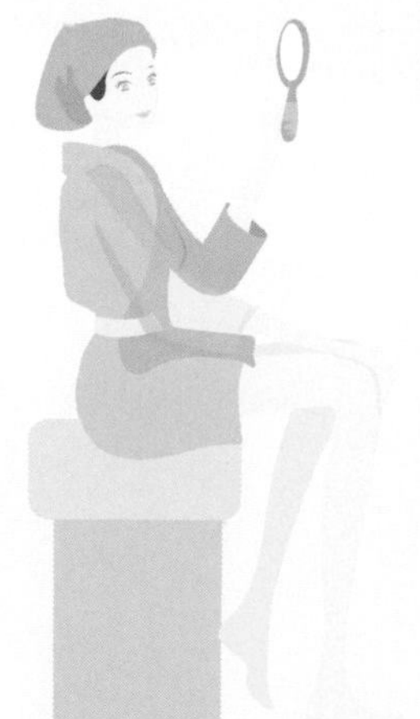

Lesson 2

水透亮出擊！別做「乾」妹妹

保濕要做足夠，但做得正不正確，更是皮膚水嫩的最大關鍵。表層的含水量至少要達到10%以上，皮膚才不會覺得乾澀不舒服，如果想要有晶瑩剔透的膚質，皮膚表層的含水量就要在20%至35%之間。別小看了保濕工作，如果做得不正確，花再多的錢買保養品，也是事倍功半！

案例：30歲輕熟女最怕小細紋

因為臉上乾燥而出現細紋時，往往會讓人誤以為是歲月痕跡悄悄產生，門診中有不少這樣的病人。就像文茹，剛來到我門診的時候，我直覺她是年近四十的熟女，但仔細檢視她的肌膚，除了乾乾的，還發現臉上佈滿小細紋，感覺上有點老態，後來看了病歷表，才發現文茹是個才剛過30歲生日的輕熟女，真是冤枉！

事實上，會出現這樣的問題有可能是因為保濕工作做得不夠徹底或是不正確，才讓肌膚上的小細紋無所遁形，我想不只文茹，這也是很多乾燥肌美人們共同的心聲。針對這個問題，必須找出讓皮膚不「水」的兇手，加以改善，才能維持肌膚的青春活力。

缺水肌膚會產生細紋

皮膚不「水」，絕對不是乾性肌膚美人的專利，不管是什麼膚質，都最好檢視一番你所做的保濕到底夠不夠？對不對？很多人會問我，乾燥和皺紋的形成有沒有關係？嚴格來說是沒有，但乾燥卻是造成「細紋」的幫凶。

沒有細紋的年輕肌膚，因為缺水會導致透光度變差，而顯得暗沉；而已經有細紋的熟齡肌膚，因為缺水會讓原本就已經存在的小細紋更加明顯。小細紋會讓皮膚看起來皺皺的，如果做好保濕，就能改善；如果長久放著不去管它，日積月累也是會形成傷害，自然就會成為皮膚老化的開始。

還有因為常常笑或做誇張的表情而產生的紋路，就是所謂的「表情紋」，不是光使用保養品就能改善，有時還需藉助醫學美容療程，如肉毒桿菌素注射等。

如果你年紀輕輕就出現了不少小細紋，有可能你是屬於極乾性肌膚，或是平常沒有做好保濕工作，也可能要檢查一下你是否過度清潔臉部。透過保濕工作的加強，正確洗臉、不過度清潔，就能改善臉上因為乾燥造成的假性小細紋。

找出肌膚缺水的元凶

肌膚會變得乾燥，主要有幾項原因。首先就是冷空氣（溫、濕度降低），不妨試想一下，在冷氣房裡面，還有冬天的時候，你是不是感到皮膚較乾？因為冷空氣會帶走肌膚中的水分，也會導致皮膚油脂分泌降低，所以如果不適時為肌膚補充水分或油分的話，就會變得乾燥。

其次，皮膚自然的老化過程也會讓保濕能力下降，主要是因為油脂的分泌會隨年齡增加而遞減，所以熟齡肌膚比年輕肌膚更容易面臨乾燥的問題。另外，使用不當的產品也會讓肌膚變乾，比方太過刺激、清潔力太強、顆粒太過粗糙的保養品，都有可能導致角質層的保護功能破壞，而讓皮膚變得更加乾燥。

水、透、亮5招出擊

1、保濕，從洗臉開始

一聽到「保濕」，我相信很多人都會從洗完臉後的保養步驟開始做起，但其實最基礎的保濕工作，反而必須從「洗臉」就開始做起。你可能會問我，那李醫師，是不是要選用具保濕功能的洗顏產品呢？其實不然。事實上，洗顏產品本身還是以「清潔」為主訴求，市場上標榜添含其他功能的產品，其實功效有限，何況洗顏產品只停留在臉上短短數十秒的時間，真正要作用在保濕上也很難。

再來是我們一定要建立正確的觀念，不是油性或極油性的膚質，就要使用清潔力超強的洗顏產品，很多油性肌膚的美人們，喜歡把臉洗到緊繃，然後再擦上保濕產品，久而久之，你會發現皮膚的油水平衡失調，不只油，乾乾的感覺也會時常在臉上出現。

我建議大家在選擇洗顏產品的時候，可以「自動降一級」來選擇洗面乳。也就是油性肌膚的人選擇中性肌膚的洗面乳，中性膚質的人用乾性肌膚的洗面乳，乾性膚質的人用乾性或敏感性肌膚的洗面乳，這樣的好處是不會造成過度清潔。

除了自動降一級的原則之外，洗面乳的口碑也很重要，最好挑選不含皂鹼的弱酸性洗面乳。如果喜歡的產品本身有試用品可以用，不妨先帶回家試用。一旦在洗完臉後5分鐘內，皮膚還有緊繃的感覺，甚至出現因為過於乾燥造成的不舒服，那恐怕這個產品就必須打入冷宮，表示不適合你，即使是在已經花錢買回家的情況下也應該停用。

正確的洗臉方法也很重要！在洗臉的過程中，有一些步驟是會導致皮膚乾燥的關鍵。首先就是水溫，千萬不要用太熱的水洗臉，即使是冬天，用水龍頭打開來的冷水再加上一點點熱水去調和也就夠了；夏天的話，用水龍頭打開來的冷水則是剛剛好。

另外就是洗臉的時間，不管臉部有多油，都不要超過30秒，而且只要在出油的地方稍微加強一下就好，絕對不要搓揉臉部太久，否則造成清潔過頭，可是會讓你的臉緊繃乾燥的！

還有，一天之內的洗臉次數也不必太多，至於該洗幾次才好？還是要看個人的膚質而定，以夏天來說，過油的肌膚一天洗3至4次還算可以，至於乾性肌膚最好不要超過2次。最重要的是不要常常覺得臉很髒就拼命洗，那只會讓皮膚變得更加乾燥甚至產生脫皮。

2、拋開錯誤的保濕迷思

保濕不只要做足夠，做得正不正確，更是皮膚水嫩的最大關鍵。表層的含水量至少要達到10％以上，才不會覺得乾澀不舒服，如果想要有晶瑩剔透的膚質，皮膚表層的含水量就要在20％至35％之間。別小看了保濕工作，如果做得不正確，花再多的錢買保養品，也是事倍功半！

迷思1 常常在臉上噴水，或者用保濕化妝水，才能維持長時間的保濕？

很多美人長時間待在冷氣房，覺得臉部乾乾的就噴上礦泉水或化妝水，連冬天一有機會在外面長時間待著，也都隨身攜帶這樣的東西，給肌膚來個「行動補水站」。

其實這樣做並不正確，因為保濕產品能給予肌膚的屏障，一個是「補水」，一個是「鎖水」，如果你只是常常在臉上噴水，做到的只有前面那個動作，後續一定要再擦上能為肌膚鎖住水分的保養品如乳液、乳霜，才能幫助肌膚把水分KEEP住，這是因為肌膚除了需要水分，也需要油分，通常保濕化妝水裡面只有水性保濕成分，幾乎沒有油脂成分，因此不能提供鎖水功能，除非你是油性肌膚能自動補油，否則光用保濕化妝水很難達到保濕效果。建議各位，尤其是乾性肌膚的美人，使用完保濕化妝水或溫泉水後，記得擦上乳液或乳霜才能補充油分，若只是單純使用保濕化妝水來做保濕工作，會因為無法為肌膚鎖住水分而不足。

另外還要提醒你的是，如果噴水的動作太過頻繁，臉上殘留太多的水分，反而會被空氣帶走，而失去更多的水分。下次不妨體驗一下，當你常常這樣做的時候，是不是肌膚很快就乾了呢？

迷思2 天天敷面膜就能保濕？

這得要看你使用什麼樣的產品以及你是什麼樣的膚質。一般來說，如果使用的是很不錯的保濕面膜，大約連敷5天就會達到肌膚吸收的飽和度，若是繼續敷下去，也不見得有太大的幫助。

在這邊建議所有的美人們，當你拿到一款保濕面膜時，可以參考它的產品標示，依照它指示的時間來敷用。如果是乾性膚質的話，想要加強保濕，可以採漸進式的保養方法，就是密集敷個幾天，接著慢慢減少至一週敷2、3次，比較能看到效果。另外，保濕面膜屬於加強保濕的工作，一般膚質在皮膚較乾的季節，一週敷兩次還差不多，但如果天天敷，你確定臉蛋和荷包負擔得起嗎？到頭來小心保濕不成，反而造成皮膚過敏的問題！

迷思3 我的皮膚很油，容易長痘痘，應該不用保濕了？

「皮膚很油，甚至常長痘痘，就不用保濕」這應該是許多人的想法。事實上，油性肌膚的人的確比較容易做保濕，但是皮膚本身的出油量跟它的含水量是否充足，根本是兩回事，可千萬不要以為皮膚油，就代表時時刻刻水分都足夠。

皮膚的出油量和含水量，跟外在環境有大相關，所以當你接觸冷空氣如冷氣房或冬天的時候，即使是油性肌膚的人，還是要注重到保濕。接受青春痘治療的患者，也可能因為藥物而造成局部乾燥，也必須適度使用保濕產品，以減少不適感。至於油性肌膚的人應該如何保濕？當然最重要的是不要讓保濕產品加重你臉上的負擔，讓臉變得更油，所以以保濕產品的劑型來說，厚重的乳霜就不適合你。

另外，也要視情況調整你的保濕產品，如果那段時間臉部出油得兇，或是炎熱的夏天，可以選用保濕凝膠來為肌膚補充水分；如果是乾冷的冬天，就可以換用油脂含量少的乳液。混合性肌膚的美人們也應該做「分區保養」，比方T字部位較油，就用保濕凝膠來保養；兩頰特別乾的地方，就可以使用乳液或乳霜。

迷思4 多喝水可以幫助肌膚補充水？

「一天要喝8大杯水」是我們常常聽到的

健康建議，但，多喝水就真的能幫助肌膚保濕嗎？以皮膚醫學來說，多喝水其實不能與保濕劃上等號，雖然水分是調節新陳代謝非常重要的關鍵，適當補充水分絕對有益健康，但肌膚所需要的水分，在你喝下的水到達皮膚細胞的時候，往往所剩不多。而且當人體補充的水分過量的時候，多餘的水分也會藉由人體自然機制的調節，以尿液來排出，所以要為肌膚補充水分，最快速的方式是藉助保濕產品。

迷思5 玻尿酸的保濕效果是最好的？

玻尿酸的確是目前明星級的保濕成分，但保濕產品的配方和劑型也會影響保濕的效果，不能只單看一個明星成分，就認定這款產品的效果如何。市售玻尿酸的產品多半是凝膠、精華液的劑型，可以為肌膚補充水分沒錯，但對於乾性肌膚來說，還是必須再使用鎖水的劑型（含油脂的乳液、乳霜等）來達到完整的保濕工作。所以玻尿酸固然保濕效果好，但別忘記做好第二層的鎖水工作，才能讓保養零漏洞！

迷思6 眼睛下方長了一些小小的像脂肪球的東西，是因為眼霜太油了？

這也是我在門診中常常看到的例子，通常病患在眼睛下方長出像芝麻大小的黃色小肉球，其實不是脂肪球，而是「汗管瘤」，並非保養過頭或眼霜太油所造成。汗管瘤是一種皮膚的附屬器汗管所形成的小腫瘤，和個人體質有關，它並不會對身體健康造成影響，因此不治療也沒關係。

當這些小東西逐漸長大影響到外觀時，可以考慮以雷射去除，目前比較好的方式是以汽化雷射（如：鉺雅鉻雷射）處理，沒有任何可以預防復發的方法或藥物，所以幾年後還是有可能再長出來，只是不會一下子回復到沒治療前那麼多。

眼下的小東西還要考慮皮脂腺、粟粒腫等情況，發現時不妨請醫師替你鑑定一下。

水分是調節新陳代謝非
常重要的關鍵，適當補
充水分絕對有益健康。

3、改善環境因素

影響肌膚乾燥的原因很多，可不是只有乾性肌膚的人會飽受乾燥所苦！除了做好保濕工作之外，改善外在條件，也能讓肌膚處於更加安適的環境，減少它受傷害的機會。

所以不管是在辦公室或是家裡的冷氣房，冷空氣很容易帶走肌膚的水分，不知道你有沒有感覺到，在辦公室裡待了一整天，下班那一刻照照鏡子，感覺一下子老了很多？或是冷氣開了一整夜，起床的那一刻，感覺皮膚乾得不得了？在這樣的環境下，你可以在室內放一杯水或一盆水，保持空氣中的濕度，讓空氣不那麼乾燥。還有就是適時補充水分，像是坐辦公室的OL，在噴上礦泉水或化妝水之後，可以擦上一層乳液，幫助肌膚鎖水，不只臉部，只要是曝露在冷空氣中的肌膚，都應該加強保濕。

Q 冬天長時間待在外面，要如何做才不會讓肌膚乾乾的？

A：冬天天氣寒冷，尤其是寒流來襲時，皮膚乾到發裂是最令人頭痛！其實和防曬一樣，在你出門之前，就必須先做好預防的工作，在保養的最後一道以乳液或乳霜來保護它。

除了保養之外，千萬不要忽略掉物理性的保護，無論是圍巾、口罩、帽子、手套等，都可以降低冷空氣、冷風對於肌膚的傷害，減緩肌膚水分流失的機會，出門前，別忘了做好這些保護工作！

4、精挑細選保濕成分

在以我個人的經驗挑出前四名優質保濕成分之前，讓我先來告訴你保濕成分該怎麼區分。我們將一般的保濕成分分為「增濕劑」和「鎖水劑」兩大類，保濕產品可能同時擁有這兩類保濕劑型的成分。

• 增濕劑──針對皮膚做補充水分的工作，這類的保濕劑通常為水性保濕成分，可以為皮膚抓取水分，如玻尿酸、天然保濕因子、甘油等。

• 鎖水劑──針對皮膚做鎖住水分的工作，這類的保濕劑通常為油性保濕成分，作用是在皮膚的表面形成封閉的薄膜，藉此防止水分流失，如小麥胚芽油、月見草油等。

另一類特別的保濕劑是特殊的結構性脂質，可以健全皮膚的油脂結構，皮膚自己本身就有的油脂就不少，包含皮脂腺分泌的油、角質細胞間隙存在的一些結構性脂質，如神經醯胺（ceramide）、脂肪酸、膽固醇等。而保濕工作最大的目的，不只是為了提供皮膚水分，更是為了維持皮膚的「油水平衡」，也就是在盡量健全你皮膚的油脂，達到油水平衡功能，而這些結構性脂質好像角質細胞間的水泥牆一樣，可以達到減緩水分散失的功效，是屬於更高級的保濕成分。

保濕成分TOP 4

❶玻尿酸 Hyaluronic Acid，Sodium hyaluronate

玻尿酸又稱為醣醛酸、透明質酸，它是一種黏多醣類物質，是非常高效的增濕劑，可

以幫助肌膚吸收大量的水分，而且它的成分穩定、安全，也比較不容易引發敏感，是相當優質的保濕成分。

❷維他命B_5 Panthenol

維他命B_5屬於水性的保濕劑，除了保濕效果外，文獻報告還指出具有明確的護膚效果，可增建纖維母細胞增生而減少細紋，也可以協助細胞修復。

❸月見草油 Evening primrose oil

月見草油含豐富亞麻仁油酸，而亞麻仁油酸是角質修復的主要脂肪酸，其中珍貴的α——亞麻仁油酸，能強化角質層的保水功能，對於極乾性的異位性皮膚炎患者，醫師通常會推薦含有此成分的產品來保濕。

❹神經醯胺 Ceramide

Ceramide 的其他中文名稱有：分子釘、磷脂質，因為是皮膚角質細胞間隙中重要的結構性脂質，是最適合熟女的優質保濕成分。

5、幫你加分的保濕療程

「除了自己保養之外，還有什麼方法可以加強保濕的嗎？」針對這個在門診中也常被問到的問題，的確，有不少病患一到嚴寒的國外旅行回來，或是乾性肌膚一遇到冷天，皮膚就乾得不得了，這時候如果還得上班、約會，很難上妝，真的是讓很多美人感到困擾。

無論是做為救急用途還是純粹只是想加強保濕，在一般的美容護膚中心或化妝品專櫃都有保濕療程可供選擇。一般像這樣的保濕療程，會針對乾燥、小細紋出現的地方加強保濕，像是按摩或是使用強效型的特製面膜。這樣的療程除了能改善美人們的乾燥肌膚問題，藉由療程，還能達到身心放鬆的效果，對於忙碌的現代人來說，也是另一種不錯的「保養」。另外勞累的皮膚也會顯得乾燥，當皮膚特別乾燥時，別忘了好好的睡上一覺。

神經醯胺ceramide是皮膚角質細胞間隙中重要的結構性脂質，是相當適合熟女的優質保濕成分。

lesson 3

把毛孔變小的方法

只要正確做好保養觀念，毛孔問題自然能得到改善。

案例：擠粉刺把皮膚弄傷了！

曉玫已經不是第一個因為擠粉刺把皮膚弄傷來到門診找我的年輕女生了……每次看到這種狀況時，都會覺得很心疼，好好的一張臉蛋，鼻頭和鼻翼兩側的皮膚紅到就像過敏，說到底，就是小小的毛孔惹出的禍端！

毛孔雖然看起來不顯眼，卻是很多女性最傷腦筋的皮膚問題，有些人單純只有毛孔粗大問題，有些人則伴隨有粉刺產生，往往因為保養觀念的不正確，毛孔會更粗大，粉刺也有增無減。在這邊要建議大家不要走冤枉路，事實上毛孔粗大問題的肌膚照護並不難，該換掉的往往不是你的保養品，而是你的保養觀念，只要正確做好，毛孔問題自然能得到改善。

而像曉玫這樣的粉刺問題，別看粉刺討人厭，只要用不對的方式甚至暴力對待它，小心皮膚的反擊更大！原本也不過是草莓鼻，經過亂擠壓，反而變成小丑臉，得不償失。

影響毛孔大小的因素

為什麼有些人毛孔大，有些人毛孔小，甚至細緻到幾乎看不見呢？關於這個問題，你要說是天生的也可以，不過，後天不當的保養也可能造成毛孔粗大，可不是只有先天的因素！

1、油脂分泌旺盛

油脂分泌旺盛的人，因為油脂的開口就在毛囊開口，所以會發現油性肌膚的美人們，常伴隨有毛孔粗大的煩惱。

但油性膚質也有不少好處，像是臉部因為不容易乾燥，相對不易出現小細紋，看起來總是年輕人家好多歲，而且皮膚在受傷後，也因為豐富活化的表皮再生力，復原得較快。

2、老化

老化會使得毛孔周圍結締組織鬆散，仔細觀察一下，就可以發現年輕人的毛孔粗大，通常都是圓圓的，但容易泛油而阻塞。而老人家的毛孔卻是大而鬆垮，這種因為老化產生的毛孔粗大，通常比較沒有毛孔髒東西堵塞的問題。

要知道毛孔粗大和老化是脫離不了原因，我在門診中也常看到一些病患，非常注重保養，但毛孔依舊粗大，最常見的原因，就是防曬沒有做好。他們常跟我說，李醫師，我的臉已經夠油了，再擦上一層厚厚的防曬霜，那豈不更油？毛孔只會愈來愈大吧！

事實上，紫外線是老化的一大殺手，防曬絕對是必要的，如果你的肌膚因為容易出油而不敢防曬，不妨選用質地較輕爽的防曬乳，通常物理性的防曬產品比較輕爽，如果真的害怕，就先試用看看再買，再不然市售防曬產品的SPF係數在15到20之間的，都比較清爽，別怕係數不夠，只要記得補擦就好了。

3、皮膚受過傷

最常見的狀況是因為過度擠壓粉刺，讓毛孔變得更大，或是長過痘痘後留下痘疤所造成的傷害，都會讓毛孔看起來更加粗大。

通常年輕的肌膚，因為毛孔周圍的結締組織還沒有老化，清除粉刺之後結締組織仍有彈性，毛孔會慢慢縮小，通常這一群幸運兒都是25歲以前的人。一旦超過25歲，肌膚慢慢老化，就會發現單純把粉刺清掉，比較難縮小毛孔，還需搭配其它保養才能一併改善。

另外，有些人雖然超過25歲，但在開始擠掉粉刺時，確實是有可能讓皮膚的毛孔看起來小一些，但如果長期擠下來，就會造成微小的創傷，就長期來說，並非治本之道，不是解決辦法。

縮小毛孔 必學3對策！

1、選擇有效的保養品

一般人最常聽到可以改善毛孔粗大的保養成分，就是酸類成分，但往往因為只是有個模糊的概念，會以為只要買來的保養品上面有「X酸」的成分，就能幫助毛孔縮小。

要針對毛孔粗大的原因來改善，除了要想辦法減少油脂的分泌，還要減少老化傷害。一般要清除毛孔裡面的髒東西、增強角質代謝的話，水楊酸、果酸、醫師處方A酸等都是代表性成分；如果是針對老化傷害，如維他命C、果酸、A醇、胜肽類等都有幫助。果酸、A酸藥品可以讓毛孔周圍的結締組織較為緊實之外，還能刺激膠原蛋白增生，改善老化現象，此外還能軟化角質、清除毛孔裡面的髒東西，算是代表性成分。

當然，如果是因為老化所造成的毛孔粗大，懂得善用預防老化的成分，就變得更重要了，除了維他命C、果酸、A酸、胜肽類之外，Q10及維他命E等，都能幫助抗老化，促進膠原蛋白增生，改善因為鬆弛而拉大、拉長毛孔的現象。

Q 含酸類成分的保養品到底該怎麼用，才不會造成皮膚過多的傷害呢？

A 很多人一聽到「酸」，就感到怕怕的，甚至擔心它太過刺激，反而造成皮膚的傷害。的確有一些膚質對酸類產生刺激的反應，通常是較乾燥或是敏感性膚質，這邊我建議可以從「低濃度」開始使用。

以果酸來說，像一般市售的保養品最高有10％，你可以從更低的開始選擇；而醫療院所的處方保養品，濃度可高達20％，這就交給醫生為你處方，醫生會依照個人不同的皮膚狀況來開立。

而維他命C又稱做壞血酸，某些維他命C產品會做成酸性溶液，以讓維他命C好作用，這也可能有刺激的問題發生，這時候可以先擦上保濕產品再擦維他命C液，就能減少問題的發生，或者也可以換成其他劑型如凝膠狀的維他命C產品。

很多人會問我，維他命C是不是在白天用就會吸光，反而會變黑？事實上這並不是使用維他命C的關係，往往是因為防曬做得不夠。使用外用維他命C甚至可以減緩因為陽光所造成的傷害，所以如果在白天使用維他命C，只要記得防曬做好，絕對是加分的作用。

2、藥物治療

毛孔粗大的藥物治療，在臨床上最常見的就是A酸治療。A酸效果不錯，爭議也不少，但因為是處方藥物，美人們如果在醫師的建議下使用，其實都不需要太過擔心。

一般我們最常使用的就是A酸，A酸可以外用也可以口服，它主要的作用可以讓皮脂腺萎縮、減少油脂的分泌，外用的話通常要幾個月才能看到效果。如果要用到口服A酸來治療毛孔粗大，通常都是異常出油或是對毛孔相當在意的病患，醫師才會建議使用，在處方上也會依照不同病患的體重來計算劑量。

不過，也不是每個年齡層都能享受A酸帶來的改善效果，通常對35歲以內的人較為有效，但對上了年紀，單純只是毛孔大卻沒有出油問題的人來說，A酸就沒有太好的效果。

口服A酸常見的副作用是口乾，有些人也可能感覺眼乾，可以擦護唇膏和點人工淚液改善。孕婦或打算懷孕的女性不能使用。少數人會影響肝功能、血脂肪升高，只要停藥就可恢復正常，因此口服A酸需要在皮膚專科醫師的指示和監控下使用，以確保用藥的安全。

3、醫學美容療程

要解決毛孔粗大的問題，光是擠粉刺只能解決表面問題，想要根本處理還是要有長遠的計畫，別只針對表面問題下功夫，而醫學美容療程就有不少是藉由解決出油問題、老化問題，來達到縮小毛孔的作用。

❶換膚療程

不管是化學性換膚術如果酸換膚，還是物理性換膚術如鑽石微雕、微晶磨皮等，都能幫助角質的代謝，讓毛孔看起來更乾淨。但是只有化學性換膚能增加皮膚彈性縮小毛孔，不過需要多次的治療才能達到明顯的效果。

❷脈衝光

脈衝光是利用光的能量來刺激肌膚本身的修復和膠原蛋白增生，因為其治療也屬溫和，所以需治療多次才會明顯看得到效果。脈衝光算是全面性抗老的治療，如果你除了毛孔粗大外，還有膚色、斑點等附帶性問題，脈衝光即為不錯的選擇。術後的話只要加強防曬及保濕即可，通常不需特別照護。

❸雷射

目前有多種雷射可改善毛孔的大小，最常用的是一種1064nm波長的釹雅鉻雷射，又叫做淨膚雷射，可以達到減少出油量、改善毛孔大小、治療粉刺的效果，也有人稱它做「白娃娃」或「白瓷娃娃」。

淨膚雷射除了能改善毛孔問題，也有美白的效果，通常2到4週需做一次，完整的療程需施作5到6次。術後皮膚微微泛紅，當天會消退，有些人在術後3至5天產生輕微小紫斑，也會自行消退，如果困擾的話可以用粉稍微遮一下；另外在術後因為控油發揮效果，也會使得皮膚較乾，乾性膚質記得要加強保濕，而油性膚質的人則會覺得清爽不少。

另外一種雷射是飛梭雷射，這是一項新的治療概念，類似在皮膚上加熱打許多奈米小洞，再藉由皮膚復原的過程讓組織再生而達到縮小毛孔的效果。也需要多次療程，優點是有長期的效果，可以維持好幾年，也經常用來治療青春痘的凹洞，但打起來比淨膚雷射痛一些。

想改善你的斑點問題，最重要的是先清楚你的斑點是什麼類型，自然不難解決。

lesson 4

無斑的美肌公主

案例：清秀女生臉怎麼髒髒的？

珊珊是個很漂亮的女生，很有日本輕熟女的那種感覺，優雅又清秀。但，一來到我的門診，其實她還沒有說出口，我大概已經知道珊珊來就診的原因。她的皮膚一點都不黑，甚至可以說偏白，臉上的斑點分布在兩頰明顯處，和白白的皮膚一對照起來，顯得膚色不均勻。

「李醫師，我常常覺得自己的臉髒髒的！」其實不只珊珊，很多臉上長了斑的女生，都有共同的心聲，就是因為斑點的存在，讓妝不管畫得再好，總有一種不太乾淨的視覺感。

醫學科技日新月異，斑點問題不像以往那麼難解決。想改善你的斑點問題，最重要的是先清楚你的斑點是什麼類型，自然不難解決。

斑點的分類

斑點不是只有一種，改善和治療的方式也不盡相同，我的很多病患總以為斑點就是斑點，哪還分什麼種類，於是美白保養品甚至是含藥美白產品擦了又擦，始終不見成效，就是因為沒有搞清楚自己的斑點到底是哪一種。

一般來說，斑點可以分成「先天性」和「後天性」的，先天性的斑點像是太田母斑、貝克氏母斑、咖啡牛奶斑等，後天性的斑點像是雀斑、曬斑、肝斑、顴骨母斑等。為了方便大家瞭解，我都直接將它們分成「淺層斑」及「深層斑」，淺層斑的色素侷限在表皮，呈現咖啡色，如：雀斑、曬斑、咖啡牛奶斑，而深層斑的色素位於真皮層，呈現藍灰色，如：太田母斑、顴骨母斑。而肝斑可能同時兩種深淺層色素都有。

以淺層斑來說，大概一般的美白保養品或藥品就能達到一定程度的改善，也可以用雷射或者脈衝光等醫學美容治療來治療；而深層斑則要以雷射技術才能改善或去除。

會造成斑點的原因有很多，包含日曬、天生體質、與生俱來的胎記、用藥反應、荷爾蒙影響、不當的皮膚處理或治療。一旦知道引起斑點的原因和種類，要對症下藥就不難囉！

去斑常見的保養迷思

迷思1 想要讓皮膚白一點，是不是要多吃白色的食物？有人說「醬油吃多了皮膚會變黑」，是真的嗎？

如果吃白的食物皮膚會變白，吃黑的食物皮膚會變黑，那麼吃多了奇異果就應該變成史瑞克？吃多了小藍莓，就應該會變成藍色小精靈？結果並沒有。所以用食物的顏色來判斷是否影響膚色，並沒有醫學上的根據，但是吃多了胡蘿蔔和木瓜，皮膚會變黃，這可是真的。

想要美白，吃下去的食物的顏色深淺並不重要，但含有豐富維他命C的蔬果，倒是美白食物的優先選擇比如：草莓、蕃茄、芭樂、奇異果、櫻桃、藍莓、紅柿、楊桃、菠菜、青椒、芥菜、綠茶等，想要美白的人不妨多吃。

迷思2 我一直沒有斑點，中年之後不知道是什麼原因，臉上突然長出好多斑點，平常也沒有曬太陽，這是為什麼呢？

很多人以為沒有曬到太陽就不應該長斑，實際上陰天也有紫外線，從小到大就算沒有天天在大太陽底下，其實早也接受了微量可觀的紫外線，數十年下來就足以讓皮膚長斑，而這通常就是曬斑，不只是臉，只要常受到日曬的部位，像是胸前、手臂等，都是好發位置。

像這種類型的斑點，最重要的預防方式就是做好防曬工作。記得除了擦防曬乳、適時補擦之外，物理性的防曬也很重要，如帽子、太陽眼鏡、長袖衣物等，而且一定要有一個觀念，防曬是不分四季的（紫外線的傷害一年四季都有），隨時都要做好防曬工作。

迷思3 任何斑點都能去除嗎？如果不是，能改善到什麼樣的程度呢？

這必須視情況而定，包括你長的是什麼樣的斑點，以及選擇什麼樣的治療方式。一般來說，淺層的斑點只要利用美白保養品或藥品就能淡化，若是要完全去除的話，經過雷射或脈衝光的治療也可以解決。而深層的斑點就需要多次雷射的治療。

而在斑點的治療上必須有個觀念，那就是預防勝於治療，因為某些斑點復發的機率很大，比方因為日曬和荷爾蒙引起的肝斑，只要內在及外在的環境沒有改變，即使以雷射暫時打掉，還是會很快又黑回來。這邊我建議最好的方式就是與你的皮膚科醫師先做溝通，讓醫師了解你對斑點改善的期望，比方你希望斑淡化、好上妝即可，或是你期待換回一張白淨的臉蛋，然後由醫師建議你可執行的方式，再一一去配合，相信不難達到改善斑點的目的。

別再叫我小斑長了！

1、使用美白保養品

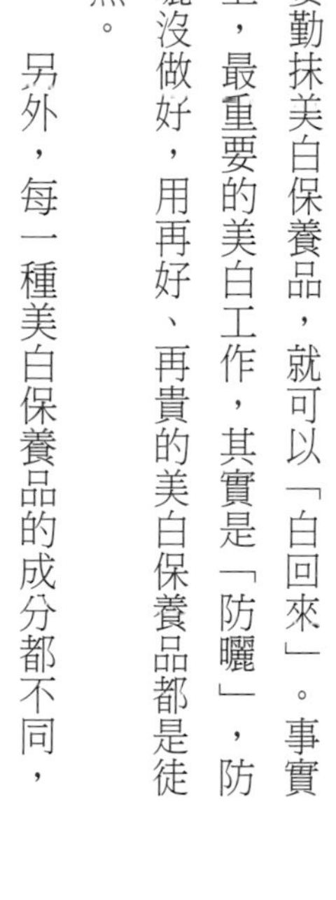

一般人對於美白最大的迷思，就是認為只要勤抹美白保養品，就可以「白回來」。事實上，最重要的美白工作，其實是「防曬」，防曬沒做好，用再好、再貴的美白保養品都是徒然。

另外，每一種美白保養品的成分都不同，其中所含的美白有效成分比例也不同，如果找到了你非常合用的美白保養品，不如將它做為輔助性的保養，其它的防曬、保濕工作也同樣重要，多管齊下，如此一來才能讓美白真正達到效果。

如果一直擦美白保養品卻白不回來，首先你可能必須思考一下，你的斑是咖啡色的淺層斑嗎？通常美白保養品的功能在於「預防斑點形成」及「淡化斑點」，所謂淡化斑點也只能淡化淺層的咖啡色斑點。

如果你的斑點是比較深的斑點，則必須以雷射治療才能淡化或去除，那麼光用美白保養品當然效果不彰。當然也有一種情況，就是你用錯美白保養品或是對產品的期望太高，你可以拿保養品到門診詢問你的皮膚科醫師，看看是不是真的適合你。

另外你也可以檢視一下，自己是不是有忽略了防曬工作？有沒有天天防曬？有沒有常常補充防曬乳？有沒有盡量不要在有大太陽的時候外出？如果防曬工作做得不徹底，再好的美白保養品也會讓人白不回來，我甚至曾經遇過病患錯把美白保養品當成防曬乳來使用，結果當然是白不回來囉！

❶如何挑選美白產品

市面上的美白產品琳瑯滿目，到底該怎麼選擇，的確是很多美人們苦惱的問題。以前當保養品的廣告或包裝上出現「美白」兩字，其成分就必須是衛生署規定的美白成分，而且也要申請含藥化妝品的合格字號，但從2004年10月以後，這些限制就鬆綁了，廠商只要標示這些美白成分的濃度即可，所以了解一下衛生署公布的美白成分，對你在產品的選擇上絕對有幫助。（請見下表）

當然，除了衛生署公布的美白成分，也有其它成分對美白有幫助，像是果酸可以幫助角質代謝，某些植物萃取成分也有助於美白。建議大家在挑選時，除了考量美白效果外，也要視膚質挑選適合你的產品，包含它的保濕度、劑型、會不會引起肌膚刺激等，都很重要。

以美白效果來說，參考衛生署公布的美白成分上限，仔細去看一下標示上的濃度（比方同樣含有維他命C磷酸鎂鹽，A產品高達3％，B產品只有0.2％，那當然是前者可能較有效）有多少也是個方法。如果該產品完全沒有標示出濃度，那我的建議是不要選購，因為通常表示濃度可能不高。

衛生署公告之11種美白成分（至2007年3月止）

成分	濃度上限
維他命C磷酸鎂鹽 MAP magnesium ascorbyl phosphate	3%
維他命C葡萄糖 ascorbyl glucoside	2%
熊果素 arbutin	7%
麴酸 kojic acid	2%
維他命C磷酸鈉鹽 sodium ascorbyl phosphate	3%
鞣花酸 Allagic acid	0.5%
洋甘菊萃取物 Chamomile E	0.5%
傳明酸 Tranexamic acid	2~3%
Potassium methoxysalicylate	1~3%
3-O-ethyl-ascorbic acid	1~2%
5,5'-dipropyl-biphenyl-2,2'-diol	0.5%

2、適當的美白藥品

想要美白方法有很多，透過藥物來治療斑點是醫師常用的方法之一。還記得因為連方瑀引起熱烈討論的「三合一美白藥膏」嗎？有一陣子甚至有些門診病患一進到我的診間來，就急忙要我開「三合一藥膏」給他們。

事實上在皮膚科以去斑藥膏來治療斑點行之有年，醫師會根據每個人不同的狀況開立不同的處方，常用的去斑藥膏包含A酸、對苯二酚、杜鵑花酸、高濃度果酸等，這些是屬於外用的。口服的話則有維他命C、傳明酸等，在配合去斑藥膏一起使用之下，能抑制黑色素生成，對淡斑也有不錯的效果。

美白藥品醫師外用處方

成分	常用濃度
對苯二酚	2~3%
杜鵑花酸	20%
A酸	0.05~0.1%

Q 美白藥品會不會有副作用呢？

A：這邊給大家一個觀念，任何關於皮膚的用藥，就是藥品，跟你感冒看醫生拿藥是一樣的，如果在使用不當的情況下當然可能產生副作用，所以千萬不能不在醫師的指導下，隨便拿家人朋友的藥就擦或吃。

以外用的美白藥品來說，可能對皮膚會有局部的刺激性，也要注意光敏感的問題，必須在醫師的指導下使用；而對苯二酚也不建議長期多年使用，否則皮膚容易產生黑白不均勻的狀況。

3、醫學美容療程

要解決斑斑點點的問題，醫學美容療程算是最有用的方法。以淺層斑來說，在施作果酸換膚和美白導入一段時間，可以見到淡斑的效果，雷射和脈衝光是目前最熱門有效的方法；若是深層斑，以雷射去除是目前唯一治療。

❶果酸換膚

果酸換膚可以去除過厚的角質層，加速皮膚的新陳代謝，也有淡化淺層斑的作用。一般必須配合皮膚的週期性來施作，大約每隔3至4週做一次，通常需要5至6次的治療才能看到效果。

❷美白導入

美白導入就是透過超音波導入或離子導入的方式，將美白成分如維他命C、麴酸等導入。以維他命C超音波導入來說，可以抑制黑色素的生成，也可以使真皮層中的膠原蛋白及彈性纖維增加，藉由導入的方式讓維他命C大量進入肌膚，加快吸收，達到淡化淺層斑的效果。超音波探頭按摩皮膚的同時，也可以放鬆心情，算是相當溫和的美白方式，也可以用來預防雷射之後的返黑。一般建議一週兩次，至少連續6週。

❸雷射除斑

雷射除斑的原理是利用雷射光波被黑色素吸收最佳的波長範圍，撞擊黑色素使其分裂崩解。如果是淺層的斑點，會隨著雷射治療後結痂而跟著脫落；如果是深層的斑點，則是黑色素被雷射打散，再慢慢被組織吸收，一般需要多次治療。

❹脈衝光除斑

「脈衝光」不像雷射是單一波長的光，它是一個波段的光，我們可以把它當成是一種複和式的雷射，只要選取不同波段的光，設定能量及脈衝數，脈衝光便可以除斑、去除微血管擴張、緊緻肌膚，因為不容易造成傷口，因此恢復期短，又被稱做午休美容。雷射除斑和脈衝光除斑各有千秋，我整理在下表中，簡單來說，雷射是專一性高的除斑方法，而脈衝光是溫和但需要多次療程的方法。醫師和病人應該根據斑點的種類、對治療的期待、以及投資報酬率來做選擇。

脈衝光除斑與雷射除斑的優缺點比較

	脈衝光	雷射
優點	*疼痛感低 *紅腫消退快，無傷口，可立即上班 *產生輕微痂皮，不易被別人發覺 *光點大，可以回春美化膚質 *不易返黑	*光點小，可以針對獨立斑點治療 *表淺黑斑幾乎可以一次清除 *可打深層黑斑，多次治療的效果佳 *可治療突起的斑點
缺點	*治療次數比雷射多 *深層的黑斑效果差 *不能治療突起的老人斑 *不能磨皮或治療嚴重凹洞 *治療次數增加，整體花費較高	*疼痛（治療前可貼表面麻醉劑，減少疼痛） *術後比較紅腫（可冰敷改善） *結痂恢復期較長，會被別人發現 *可能產生暫時性的返黑期

只要知道哪些因素會讓紅臉的症狀更加惡化，懂得去避開，就可減少一些不必要的困擾囉！

lesson 5

小紅臉是可以改善的

案例：哇！那個女生怎麼臉這麼紅？

「哇，那個女生皮膚過敏怎麼會這麼嚴重啊？」當淑琳還沒踏進我的診間前，我就聽到其他病患交頭接耳的討論起來了……像淑琳這種整張臉蛋紅紅的，一般人乍看之下都會以為是皮膚過敏，加上帶有一些脫屑，到了冬天更是不疑有他，直接自行判斷是因為乾冷引發的過敏。淑琳告訴我她看了不少醫師，可是臉還是紅通通的。

經過我仔細的問診之後，我發現引起淑琳「紅臉」的原因，不是因為過敏，而是一種因為經常性使用類固醇而引起的後遺症——局部類固醇戒斷症候群。這項後遺症如果繼續依賴局部類固醇，反而會使皮膚的情況更加惡化，臉部將會持續性的潮紅和血管擴張，想要治療好這類病人，除了有耐心的醫師之外，還需要一個配合度良好的病人，才能慢慢把類固醇戒掉。還好淑琳相當配合，停用類固醇的第1週最辛苦，皮疹惡化，出現癢、刺痛及灼熱感，這是因為經表皮水份散失增加，使角質層水分異常降低的結果。

我用口服抗組織胺以降低癢感，建議她冰敷來降低刺痛及灼熱感，停用化妝品，並建議她使用含有修護表皮功能的乳霜；第2到4週，這些不舒服感的發作頻率和發作時間開始縮短，表皮保水的功能開始恢復，乾燥脫屑的情況也改善了，但紅斑及微血管擴張還是存在；第4週以後，淑琳已經可以停用藥物治療，進入緩慢恢復期，皮膚由紅色轉為發炎後色素沈澱的棕色，此時最重要的課題是嚴格防曬及避免各種外來刺激物，營造良好的恢復環境，讓皮膚逐漸恢復正常。治療過程中也搭配非類固醇藥膏來輔助。能不能捱過惡化期才是關鍵，這也考驗著病人對醫師的信任感。

紅臉症的診斷還要考慮：濕疹、脂漏性皮膚炎、酒糟、接觸過敏、更年期等，其實不管是什麼診斷，詳細的病史和問診，找出誘發紅臉的原因，並透過日常生活的多項配合，才能逐漸恢復健康正常的皮膚原貌。

了解臉部泛紅的原因

臉部會泛紅是因為微血管的通透性增加，導致暫時性的微血管擴張，也可以說是血管敏感的一種表現，等血管收縮到正常直徑，又恢復原來的膚色。泛紅的原因包括保養品刺激、曬太陽、接觸高溫的環境（烤箱、炒菜、SPA、熱水洗臉）、食用刺激性的食物（菸、酒、辣、咖啡因）、運動、壓力（熬夜）、忽冷忽熱的環境（季節變換）、長期使用局部類固醇所引起，另外更年期、有酒糟性皮膚體質的人，也容易臉潮紅。具有臉紅體質的人，一定要懂得避開引起臉紅的因素，否則暫時性的微血管擴張變成永久性的微血管擴張，就會越來越難收拾。

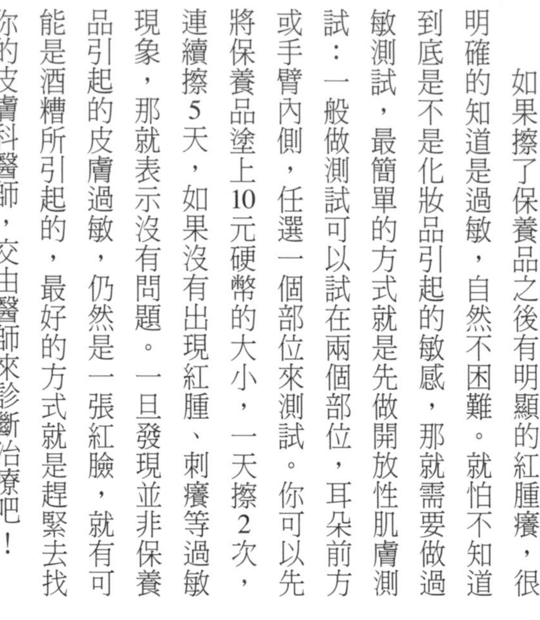

如果擦了保養品之後有明顯的紅腫癢，很明確的知道是過敏，自然不困難。就怕不知道到底是不是化妝品引起的敏感，那就需要做過敏測試，最簡單的方式就是先做開放性肌膚測試：一般做測試可以試在兩個部位，耳朵前方或手臂內側，任選一個部位來測試。你可以先將保養品塗上10元硬幣的大小，一天擦2次，連續擦5天，如果沒有出現紅腫、刺癢等過敏現象，那就表示沒有問題。一旦發現並非保養品引起的皮膚過敏，仍然是一張紅臉，就有可能是酒糟所引起的，最好的方式就是趕緊去找你的皮膚科醫師，交由醫師來診斷治療吧！

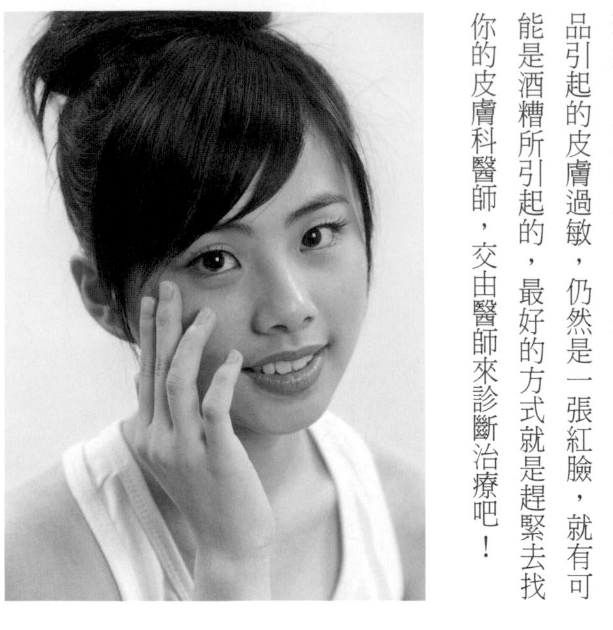

Q 我的紅臉症在治療後大幅改善，就可以永遠甩掉這個體質了嗎？

A：目前的醫療技術相當進步，像是有酒糟性體質的人，經由藥物、雷射或脈衝光的治療，可以去除明顯的血管擴張與血絲增生的現象，減輕泛紅刺激的症狀，但卻無法根除酒糟的體質。如果你在治療後沒有配合日常生活習慣的改變，以及良好的保養，紅臉症還是有可能再復發的。

不泛紅的美人方程式

1、避開惡化的因素

紅臉症除了日常生活的保養之外，很多原因也會導致它更加惡化，讓人三不五時臉就紅了起來，尷尬極了！不過，只要知道有哪些因素會讓這樣的症狀更加惡化，懂得去避開，就可以減少一些不必要的困擾囉！

其實酒糟肌膚最敏感的就是熱、陽光和刺

激，生活上會接觸到這幾項東西的機會不少，包括煮飯、洗三溫暖、做SPA、蒸臉過度、吃辛辣刺激性食物（如辣椒、咖啡、酒、紅茶、可樂、巧克力、可可等）戶外過熱的運動、熬夜、睡眠不足、壓力過大、使用不當的保養品、沒做好防曬、過度清潔肌膚、用熱水洗臉等等。

我有個病人，只要一吃麻辣鍋臉就紅，不過她還是不願意放棄最愛的麻辣鍋，你說該怎麼辦呢？還有人喜歡在陽光下運動，不曬太陽就讓他覺得快得憂鬱症了，但是一曬就臉紅，我勸他改成室內，比較不會發熱發汗的運動，比如游泳和上健身房，他說「那還是讓我繼續紅下去好了，以後再請醫師幫我打脈衝光。」我只好請他隨身準備冰塊或冰水，只要臉一熱，就含冰塊或喝冰水來減少紅臉的時間。

如果各位在季節交替而引發紅臉或脫皮的經驗，一定要在天氣還沒有轉冷就開始準備，這包括使用溫和不緊繃的洗面乳，擦上保濕劑，並配合口罩、圍巾等遮擋冷空氣的衣物。只要細心照顧，相信一定能減少發作的機會。

2、日常保養要小心

有紅臉症的美人們，事實上在保養上愈簡單愈好，因為過度使用保養品，會加重皮膚的負擔，讓症狀更嚴重。除此之外，在保養的細節上，你不妨注意以下幾點。

❶溫和洗臉、不過度清潔

尤其有酒糟體質的人，因為皮脂腺容易肥大，很容易產生「外油內乾」的現象，讓你誤以為皮膚油而常常去洗臉。如此一來反而讓外油內乾的現象愈來愈嚴重，所以記得洗臉次數不需要多，快速的以冷水溫柔的洗，不要使用海綿刷子等工具。

❷不用含酒精化妝水

一般人洗完臉之後，習慣性先上化妝水再擦保濕乳液。但是酒糟膚質的人最好避免用化妝水，因為化妝水或收斂水大多含有揮發的成分如：酒精，揮發掉之後反而會讓皮膚角質層裡的含水量更低，降低皮膚的保護能力，如果後續的乳液沒有立即補充適當油脂，反而更容易受到外界的刺激而發紅。

❸避開刺激性保養

比方像去角質、深層潔淨的洗面乳、蒸臉等都是酒糟肌膚的人不該碰的。去角質可能導致角質層的保護力下降，將引發更嚴重的紅腫和脫皮，而強調有去角質功效的產品，像是含了果酸、水楊酸等成分，最好都要避免，以免肌膚受到更大的刺激而加重症狀。

❹保濕很重要

保濕對每種膚質都很重要，對酒糟肌膚的人更是重要，尤其必須更重視保濕產品的「鎖水」功能，建議使用醫療通路針對酒糟設計的產品，或者只使用單純的凡士林，才能真正避開不必要的成分又能達到保濕的效果。

❺一定要做好防曬

曬到太陽更容易臉紅的紅臉症，防曬是一定要做的工作，但不是防曬功能愈強就愈好，過度厚重的防曬乳反而會因為難清潔而加重肌膚負擔，另外化學性的防曬劑也容易造成刺激。所以純物理性、質地清爽、不會引起刺激的防曬乳，才比較適合紅臉症美人。別忘了，帽子和陽傘也是防曬必備的道具哦。最後，如果你還是避免不了臉紅，那就考慮找醫師進行下一個方程式了！

3、藥物治療

如果相當困擾的話，目前針對紅臉症的藥物治療也不少。以酒糟肌膚來說，可分為三期，前兩期以藥物治療或許還能改善，但如果嚴重的程度到達第三期，就必須考慮以雷射手術來控制了。

如果是輕度的酒糟肌膚，因為初期的症狀是臉紅，可以利用外用藥膏來幫助退紅，讓血管收縮；如果是中度的酒糟肌膚，除了臉紅之外還開始長丘疹，就需要搭配服用藥物，像是口服Metronidazole、四環黴素、紅黴素或口服

A酸等；當酒糟肌膚已經到達重度的情況，比方酒糟鼻又紅又腫，出現局部組織肥厚時，就必須考慮以外科手術來治療了。

4、醫學美容療程

要治療紅臉症，最常用到的醫學美容技術就是雷射和脈衝光。這兩種方法其原理都是利用特定波長的光線，讓紅血球的血紅素吸收，將熱能引至血管內，把造成病灶的血管壁凝結萎縮，透過這樣的方式，改善惱人的臉紅狀況。但不管是哪一種治療，甚至在術後大幅改善，提醒你紅臉症是需要悉心照顧和保養，才不會再度復發回頭找你喔！

❶雷射

常用的退紅雷射有染料雷射，它的常用波長為595nm，能有效的被血紅素吸收，加熱血管，導致微血管的破壞凝結。術後血管會有紅腫或瘀青的情況出現，約一週會自然消退。整個療程大約需要2到4次，每次間隔4到8週。現在市場上有新的長脈衝染料雷射，可以減少瘀青的機會。另外也有柔絲光雷射（屬於長脈衝的鉫雅各雷射），可以在不造成傷口的情況下治療微血管擴張的醫學美容儀器。治療後的血管壁因為吸收熱能直接收縮，在肉眼下可見即刻消失或變色，但不會造成血管的破裂而使皮下瘀血，和染料雷射一樣，整個療程大約需要2到4次，每次間隔4到8週。

❸脈衝光

利用脈衝光治療酒糟性皮膚炎，是利用550~1200nm波長光譜中的黃橙色光線，藉由光凝固作用將血管封閉，因為較溫和，術後皮膚也不會有損傷，沒有照顧上的問題。脈衝光除了有這種退紅的作用，也有其它的回春功能，像是皮膚變得更細緻、毛孔變得更小等等，等於也同時全面性改善各項皮膚問題。不過也由於脈衝光較溫和，需要更多次的治療才能見效，以酒糟肌膚來說，約需4到8次的治療，每次間隔3到4週。

lesson 6

揭開無齡美人的秘密

我相信隨著各種美膚回春技術的進步，將來會有很多的母女看起來像姊妹，女人可以老得愈來愈慢，只要你做對了方法，找到了好的美膚醫師，你可以永遠比身分證上的年齡還年輕，我的理想目標是60歲的時候看起來像40歲，你呢？

案例：咦！皺紋怎麼又多了？

「李醫師，快點幫幫我啊！我昨天早上起床照鏡子的時候，突然發現臉上的皺紋多了好幾條耶！」

艾萍一走進診間，不難發現到她的焦慮，她形容皺紋「突然」多了好幾條，彷彿是半夜偷偷爬上臉，我笑了笑，請艾萍先不必緊張，接著慢慢解釋臉上會形成皺紋的原因給她聽。我想這也是一般人，尤其是覺得自己還年輕，應該和皺紋搭不上邊的患者最難想像的，那就是臉上日漸形成的紋路。每天，我們的生活匆匆忙忙，就算是常常需要化妝照鏡子的女性朋友，也不見得有時間仔細端詳鏡中的自己，事實上，皺紋可能悄悄形成了，從細細的一條，到深深的一條，直到有天你忽然意識到它的存在，那就表示別人也不難發現它的存在了！

皺紋有深有淺、有真的皺紋也有因為乾燥引起的小細紋（假性皺紋），更有因為表情造成的紋路如抬頭紋、魚尾紋等。下次照鏡子看到皺紋時別緊張，讓你的皮膚科醫師先為你做鑑定工作，搞清楚是哪種紋路，再擬定作戰對策，歲月痕跡是可以不必在你臉上留下的喔！

皺紋形成的原因

皮膚老化分為外在與內在的因素，皺紋也是如此。以內在的因素來說，基因左右了你皮膚老化的狀況；外在的因素來說，像是陽光、照射、抽菸或二手菸產生的自由基會破壞我們肌膚的組織，讓我們的細胞組織受到損壞，產生蛋白質分解的酵素，使得膠原蛋白斷裂，變得鬆散，皮膚就沒有「撐起來」的力量，因此容易產生皺紋。皮膚的外在老化，百分之九十可以說是因為陽光造成的，我常舉例金庸武俠小說中的小龍女，因為長年生活在陰暗的古墓中，從來不曬太陽，可以保持青春不老。減少陽光的傷害除了是美膚回春最基本的功夫，同時也可以預防皮膚癌。

另外，喜歡做表情也會產生動態紋路，像

是抬頭紋、魚尾紋。你可以觀察一下身邊的朋友，文靜矜持的冰山美人是不是比較沒有動態紋呢？文靜的人因為話不多、表情少，所以臉上因為表情擠壓出來的魚尾紋、抬頭紋、笑紋就少。換作是愛搞笑的人，豐富的表情肯定會拉出滿臉的表情紋，那麼是要做個冰山美人還是個搞笑天后呢？看自己的個性吧！如果不喜歡表情紋的話，反正還有肉毒桿菌素可以幫你呢！另有重力因素形成的紋路，就像我們常說的跟歲月拔河，就是在跟「地心引力」對抗；因為重力的關係，脂肪會重新位移，使得皮下脂肪的組織變得鬆散。

除此之外，生活中的小習慣也影響了皺紋的形成，像是抽菸所產生的自由基會加速皮膚的老化，所以你會發現有抽菸習慣的人，一般看起來都會比實際年齡大上幾歲，當然常常吸二手菸的人也一樣。

還有長年累積的睡覺姿勢如果壓迫到臉部，也會產生睡紋，所以最好選擇躺平著睡，不要習慣側睡或趴睡。說到睡覺的姿勢會影響皮膚，很多人應該是第一次聽到吧，不過這可是千真萬確的事哦！長期側哪邊睡，哪邊的皺紋或法令紋可能就比較明顯，這是因為長期擠壓的關係。或許你會覺得怎麼睡，也沒壓出皺紋來啊！的確可能，因為你還年輕，年輕的皮膚彈性好，擠壓後容易恢復原狀，不過這卻可能因為摩擦而讓你容易冒痘痘，而隨著年紀增長，雖然不容易長痘子了，可是皮膚的彈性也降低了，愈擠壓就愈不易恢復，久而久之，因為長期側睡，被擠壓的睡紋就跑出來！另外如果長年在保養上總是動作粗魯，毫不留情地拉扯肌膚，久而久之也會造成紋路，應要注意。

除了外在與內在因素形成「真正的皺紋」之外，還有一種我們俗稱的「假性皺紋」，其實就是皮膚過於乾燥，因長期缺水形成的小細紋。為什麼說這樣的紋路是假性皺紋呢？因為只要再幫肌膚補回水分，加強保濕工作，通常這些細紋都會消失，並不會永遠留在臉上。

性別也是決定老化和皺紋形成的一個因素。女性因為有更年期，導致女性荷爾蒙在更年期之後快速下降，使得上皮逐漸萎縮，變薄，保水性變差，就會造成肌膚加速老化的現象。由於女性荷爾蒙會存在於脂肪層中，苗條的女性因為脂肪少，暫存於脂肪的女性荷爾蒙也少，比豐滿的女性更容易出現更年期症狀，也可能老化的更快。曾經有項研究結果顯示，在一群人中讓民眾去猜測每個女人的年齡，結果讓人感覺比實際年紀輕的女性，其抽血反應的女性荷爾蒙含量較高，而那些看起來比實際年紀老，抽血反應則是女性荷爾蒙含量較低，這也是為什麼女人一旦過了50歲之後，人看起來老得特別快，就是女性荷爾蒙下降在作祟。

Q 我該如何知道自己的皺紋是真皺紋還是假皺紋？是靜態紋還是表情紋呢？

A：所謂的假皺紋，是因為皮膚缺水引起的小細紋，如果一旦出現小細紋，然後加強保濕之後會慢慢消失、得到改善，就不是真正的皺紋。但是如果是老化引起使得肌膚的保水性變差，做再多的保濕工作紋路也不會消失，再加上年紀大了，皮膚合併有其它老化現象，就是真皺紋了。

所謂的表情紋指的就是動態紋，是相對於靜態紋的一種紋路，通常與表情有關，有些表情常常做，長年累積下來也會變成固定的紋路，像是魚尾紋、皺眉紋、抬頭紋都是。而靜態紋就是原本就已經有的紋路，像是法令紋、很深的額頭紋路，這是不因為表情就存在的紋路，和皮膚老化和過度使用有關。

皺紋能瞬間改善？

許多女性朋友經常問我：「每次看電視，都覺得那些除皺保養品廣告好吸引人喔！真的有那麼神奇嗎？」其實廣告的目的就是在刺激消費，常常讓你覺得它非常吸引人，卻忽略了它背後誇大的製作效果。以一個皮膚科醫師看待這些廣告的角度，第一個想提醒大家的是，很多保養品每年都會推出一些新成分，然後炒作它，把它講得很神奇，甚至包裝成一個「新產品」，久而久之，你就會被催眠「某某成分或某某新產品等於超強除皺良方」，似乎荷包大失血也不足惜。

針對這樣的情況，若想當個聰明消費者，不妨問一下銷售人員，這項新產品會變貴，是因為添加新成分了還是配方改變了？新產品最好根據研究數據證明它哪裡好，才值得你掏錢去買。

第二個讓人容易產生的迷思，就是來自於第四台的廣告。很多廣告都是找同一個模特兒，做使用前跟使用後的比較，因為真的相差太多了，常會讓消費者誤以為效果真的異常驚人，事實上保養品是一種輔助工具，會有這麼神奇的效果，不是透過修片，不然就是醫學美容的技術在後面拉一把，保養品是不可能會產生這種效果的！

有時候不如衡量一下自己的預算，不要化妝台前的保養品還沒用完，就急著掏腰包去買新的，不如把成本用來買防曬乳液並正確的使用來得有用。我也建議在百貨公司打折或是周年慶的時候再去買，建立這種好習慣才能節省成本。當然你也可以問問你的皮膚科醫師，可以節省很多摸索的時間和消費的成本。

跟小細紋說掰掰！

1、使用有效的除皺保養品

很多病人會問我，李醫師，要除皺擦什麼保養品最好？我的回答總是，除皺良方最好的絕不是保養品，而是全方位的包括吃得均衡、睡得好、不抽菸、不熬夜，再加上簡單清潔、注意保濕、嚴格防曬，才能延長肌膚的保鮮期！除皺保養品呢？當然可以用，但它達到的效果有其極限，不能做為唯一的解決方式，尤其在上面說的那些重要生活習慣統統不配合的情況下。

當然，市場上的保養品，的確有不少能幫助肌膚改善細紋，先對它們做個了解，下次當你在選購保養品時，也能做為不錯的參考喔！首先做好保濕可以讓皮膚增加光澤、減少細紋，所以如果你用了某瓶抗皺產品，隔天就看到效果，那八成是保濕的緣故。真正能有淡化細紋的成分，往往也要擦上幾個月才能見效。

有哪些保養成分具有淡化細紋的效果呢？以下根據常見除皺抗老成分的效果，由強到弱依A、B、C分組，給你參考。而整支產品的配方組成，主要活性成分的濃度，也會影響除皺產品的效果。

- A組——A酸及A酸類衍生物（A醇、A醛）、果酸。
- B組——左旋維他命C、Q10、動力酶、荷爾蒙類、生長因子、胜肽、愛地苯、凱茵庭。
- C組——維他命E、植物多酚類、超氧化歧化酵素、高海藻歧化酵素。

2、抗皺藥品A酸

一講到抗皺藥品，大家不難聯想到「維他命A酸」。沒錯！維他命A酸是屬於醫師的處方藥物，一般不能拿來自己隨便塗抹，但它最

大的效用並不是直接去除皺紋，而是透過A酸的治療，可以讓表皮層的排列正常化，皮膚組織就會緊密結實，看起來比較光滑，久了也能刺激膠原蛋白增生，使得細紋減少。

不過，維他命A酸和果酸一樣，都屬於具刺激性的成分，確實使用起來要特別小心。在使用不當的情況下，A酸容易產生「A酸性皮膚炎」，尤其是乾性或敏感性肌膚的人，所以我會建議以漸進式的方式來使用，比方先從低濃度開始，或者不要天天擦，先兩、三天擦一次，等到皮膚適應之後再增加次數，直到可以每天晚上使用（白天使用可能增加光敏感性，應該避免）。

現在也有新一代的A酸，刺激性大幅降低，因此使用者的適應性比傳統A酸還好。如果在醫師指導下使用仍然產生不良的反應，那表示你並不適合使用A酸，可以以其它的保養品來代換，不要勉強使用。

另外也是我在門診中常看到的一個問題，就是在使用A酸的時候，大約要3到6個月才能看到效果，很多人沒耐性，就愈塗愈多，或是用了一個月就半途而廢，沒有遵照醫師的指示。前者的話容易讓皮膚負荷過大，可能引發不良的反應，反而難以收拾後果；後者的話則嫌可惜，因為A酸的確是不錯的成分，但要配合長時間耐性使用，才能水到渠成。還有一點要注意的是，A酸不要與果酸、左旋維他命C等酸性的保養品一起使用，那會加重皮膚刺激的副作用，產生敏感反應。

3、醫學美容療程

使用除皺的保養品，只能改善靜態細紋，但對付那種又深又久的紋路，醫學美容療程才比較能幫上忙。既然皺紋的成因和種類不是只有一種，醫學美容療程能解決的當然也不是只有一種！以假性皺紋來說，通常加強保濕的療程就能獲得改善；而貨真價實的皺紋呢，過去傳統的整型治療必須動刀，現在美容醫學已經進步到微整型，以非侵入性的注射治療，就能看到不錯的效果！

❶導入療程

以超音波導入的方式，將有效成分導入到皮膚中，也藉由加強保濕的作用，減少臉上因缺水造成的小細紋。目前市面上最常見的就是「維他命C導入療程」，藉由約30分鐘的療程，幫助皮膚吸收這些成分，讓皮膚在短時間之內吸收足量的維他命C，多次治療下來可以改善細紋，美白膚色。另外導入的成分也可以調配有保濕成分或抗氧化成分，來改善乾燥和老化的現象。導入療程最特別的地方，就是雖然名為醫學美容療程，但就像做臉一樣輕鬆、舒服，治療完回家後要自己繼續做好保養工作之外，沒有什麼其他需要特別照護的地方。

❷肉毒桿菌素注射

肉毒桿菌素主要的作用機轉，在阻擋神經末梢與肌肉的傳導，讓肌肉放鬆，因肌肉收縮而產生的動態紋就會因此暫時消失，像魚尾紋、抬頭紋這一類的動態紋都適用。注射的效果大約能持續半年左右。

❸填充劑注射

所謂的填充劑注射，就是利用「填充」的原理，將填充物直接打入皮膚皺折凹陷處，填補其中的凹陷，讓靜態紋路消失，像是眼尾的細紋、法令紋等都能改善。常用的有玻尿酸或膠原蛋白。

可分解的填充劑在注射之後會慢慢被人體所吸收，依劑型效果可維持6個月到2年不等。不可分解的永久填充劑，雖然可以超過5年以上，但要考量一旦打了就很難回復，所以想嘗試的人除了要有周詳的考量外，也要找一個經驗豐富的醫師執行。

❹雷射、脈衝光

雷射和脈衝光治療不只能除斑、除痣，它們運用的範圍很廣，在美容上能解決多項問題，包括毛孔粗大、淡化皺紋等。以雷射來說，除皺以汽化性雷射如鉺雅鉻雷射為主，新式的飛梭雷射和電漿美容也加入除皺的戰場。

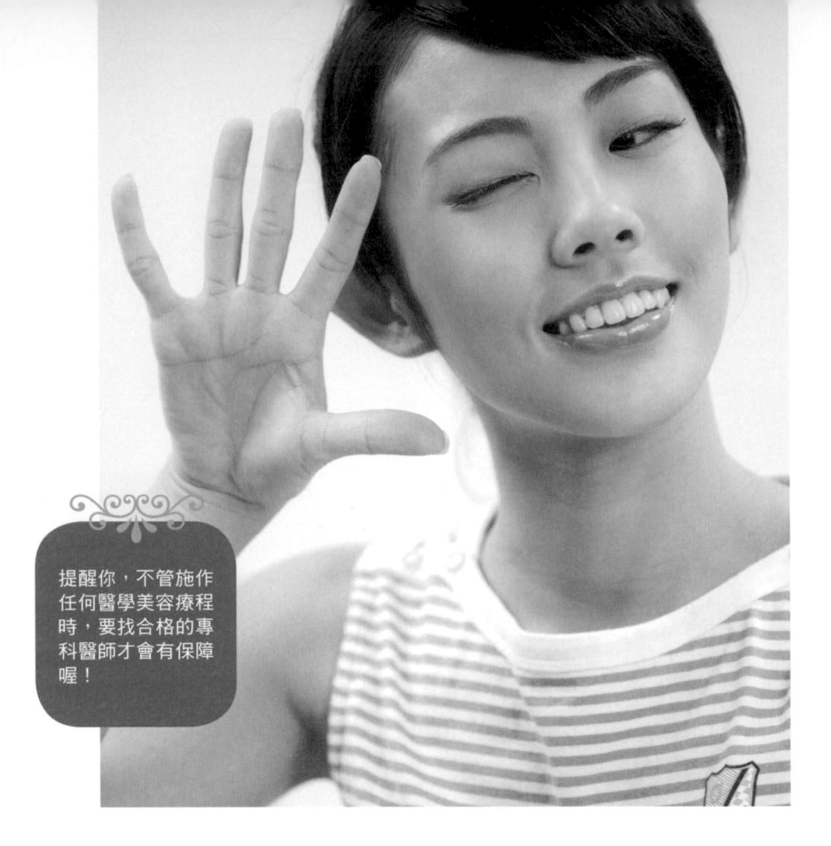

lesson 7

表情紋的秘密武器

案例：開懷大笑，小心洩露年齡！

不知道你有沒有發現到，人會看起來顯得「老」，除了鬆弛的皮膚，皺紋也是一個最明顯的表徵。

我有一個非常愛笑的病人蘇小姐，看她走進診間的時候，笑容可掬立刻吸引我的目光，看起來就很平易近人。聊著聊著，講到好笑的地方，蘇小姐開懷大笑，眼角的魚尾紋同時不留情的顯現出來。

「李醫師，我很愛笑，這是一種習慣，很難改耶！但魚尾紋都跑出來了，難道我下半輩子都不能笑了嗎？」蘇小姐提起她的擔憂，我想這也是許多表情豐富的人同時會有的煩惱吧！

肉毒桿菌幫你撫平動態紋

不管是喜、怒、哀、樂，每個人都會有一些習慣性的表情，而這些表情，因為長期動作累積下來，慢慢變成了動態紋。在十多年前，這樣的問題根本無法解決，許多病人甚至得壓抑自己的情緒，但現在可不一樣囉！這些問題可以透過肉毒桿菌素的注射得到解決。

因為有著快速除皺的功效，近年來全球注射肉毒桿菌素的美容人口也大幅增加，可以說已經是最受歡迎的美容治療了。接下來除了帶你一探肉毒桿菌素的究竟，也要提醒你，不管施作任何醫學美容療程，找合格的專科醫師才有保障喔！

肉毒桿菌的除皺功效

1、肉毒桿菌素注射

❶肉毒桿菌素原理

稀釋過的肉毒桿菌素可以阻斷神經和肌肉之間的傳導，阻斷肌肉的收縮，最早被用來治療眼科疾病，用以鬆弛病態收縮的眼部肌肉來治療眼斜視。剛開始是因為有位眼科醫師，用肉毒桿菌素治療她的病人時，發現病人眼睛四周的皺紋不見了，她將這個發現告訴皮膚科醫師的丈夫，接著這位皮膚科醫師發現助理小姐的眉間有深鎖的眉頭紋，於是試著注射低劑量的肉毒桿菌素到助理的臉部，結果竟然成功去除皺眉紋，就這樣在無心插柳的情況下，肉毒桿菌素從毒藥變成美容聖品。

❷肉毒桿菌素的應用

瞭解了肉毒桿菌素的原理之後，就能明白它能消除跟肌肉牽動有關的動態性皺紋，像是抬頭紋、皺眉紋、魚尾紋等；在肌肉不動的狀況下也存在的靜態紋，肉毒桿菌素較難派不上用場，這些靜態皺紋多半是因為老化、日曬造成的皮膚鬆弛，想要去除，必須靠拉皮或注射填充物才能做到。

肉毒桿菌素不只可拿來除皺，因為它可以

放鬆肌肉，使肌肉萎縮，醫師也會藉著調整注射部位和劑量，改變眉毛的形狀，甚至改變臉型（瘦臉）、改變腿型（矯正肌肉型蘿蔔腿），也可以阻斷神經和汗腺的傳導而治療手汗。有經驗的醫師也會利用低劑量全臉和脖子注射來達到全臉拉提和緊緻的效果。

2、注射前一定要知道的小關鍵

❶注射肉毒桿菌素會痛嗎？大約要花多久的時間？

注射肉毒桿菌素的疼痛感相當低，它是以細小的注射針，將少量的肉毒桿菌素注入幾個特定部位，在注射的過程中搭配局部麻醉藥膏會更舒適，整個注射療程大約為十分鐘就可以結束。

❷注射完就能馬上除皺嗎？是不是打一次就永久有效？

以動態性的皺紋來說，在注射後的第1到3天便可以看到它的效果，但是瘦臉或是蘿蔔腿矯正的話，產生效果的時間要拉長到1個月左右。治療的效果大約持續4到6個月，想要繼續漂亮的話，就必須重複施打。不再注射也不會產生更嚴重的皺紋。

❸肉毒桿菌素注射術後需特別注意什麼？

施打完肉毒桿菌素後，大部分的人不會有什麼感覺，但少數人可能會有局部瘀青的現象，但不必過於擔心，約1到2週內就會自然消退。

要特別注意的是，注射完後4小時不要平

躺、彎腰、做頭部大幅度擺動，或是拍、打、揉、捏注射的部位，以免施打的肉毒桿菌素擴散到其他部位，但倒是可以多做一些臉部表情，讓注射後的效果更快出現。

❹肉毒桿菌素可以打一輩子嗎？會不會有副作用？

如果你從30歲開始打肉毒桿菌素，或許你會問可以打一輩子嗎？這個問題我沒有一定的答案，因為並不是所有的皺紋都可以用肉毒桿菌素來除去，也不是所有的年齡和部位都適合施打，再加上每個人的老化速度不同，皮膚的彈性也不同，因此我只建議合適的案例做注射。最合適的年紀是皮膚還有彈性，鬆垮不太嚴重的年紀，所以通常30到55歲是最佳選擇，55歲以上要經過評估。

另外靜態紋很難用肉毒桿菌素改善，常要搭配填充劑注射或其他拉提治療。

如果是要瘦臉或瘦蘿蔔腿，也要是肌肉型的肥厚才能產生效果，脂肪型或下垂型的就不合適。

注射時可能發生的副作用包括：眼瞼下垂、眉毛下垂、頭痛等，都屬於短暫性，如果發生的話，大約2到6星期恢復，不必過於擔心。

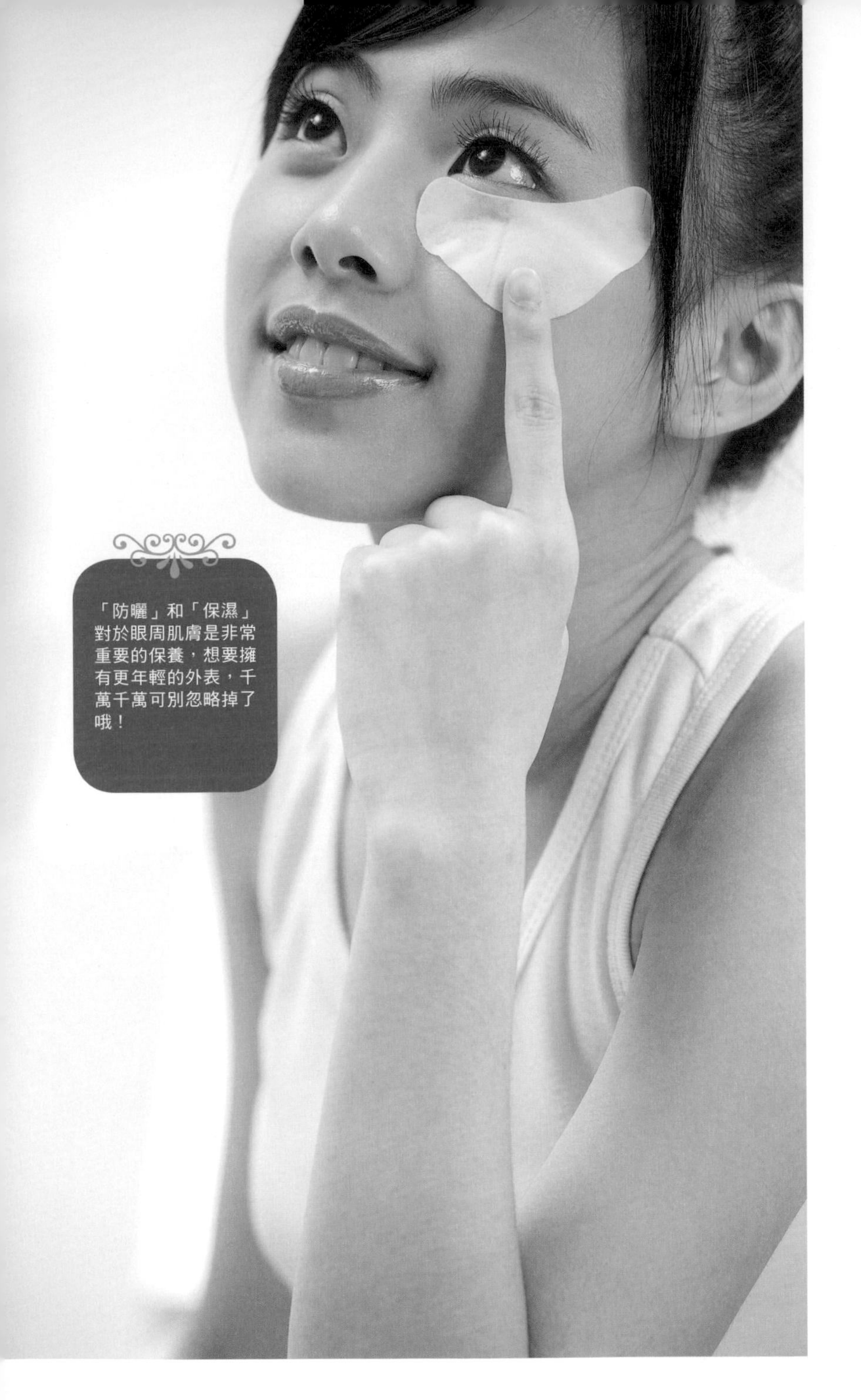

「防曬」和「保濕」對於眼周肌膚是非常重要的保養，想要擁有更年輕的外表，千萬千萬可別忽略掉了哦！

Lesson 8

別讓眼周肌膚洩露年齡

案例：哇！我的黑眼圈好深喔！

全身上下，就屬眼睛最無法隱藏年齡的祕密了！尤其眼睛周圍的皮膚如果沒有善加保養，老化現象提早報到，即使你的體態再年輕，別人看上去，就會覺得你的年紀較大。

林小姐就是一個典型的例子。明明是年輕小姐，但因為眼皮鬆弛加上皺紋型的黑眼圈，她就告訴我常常被誤認為已經當媽媽了，很多人甚至懷疑她是不是帶小孩太累導致眼睛這麼沒有神。林小姐也冤枉的說，面對陌生人，這樣也就罷了，偏偏工作的時候，老闆和同事都以為她精神狀況不好，總是垂著眼皮提不起勁，但明明睡得很飽，也很奮力工作啊！卻因為眼睛的關係，惹來許多不必要的「問候」。

其實啊，眼皮會鬆弛其來有自，一個就是隨著年齡增長出現的自然老化現象，每個人都避免不了，但現在醫學美容技術如此發達，就算你過了半百，還是有許多可以讓自己看起來更年輕的方法。另一個眼皮鬆弛的原因就是外來因素造成，比如：日曬、長期用眼過度、揉眼睛、熬夜等，都會讓你的眼皮更早投降於地心引力，讓人誤以為你謊報年齡。

眼周皮膚的老化現象

我們判斷一個人大概的年齡，可以由最難掩飾年齡的兩個指標來參考，一個為眼部，一個為頸部。眼睛之所以這麼容易洩漏年齡，是因為眼周的肌膚是全身皮膚裡頭最薄的部分，只有0.5mm左右，跟一張A4紙差不多，這麼薄的一層皮膚，如果經常去揉它肯定會皺掉，因為真皮層太薄，長期曬太陽下來也比其他臉部肌膚容易老化，所以，更應該特別悉心照顧。

正常狀況來說，眼周肌膚的老化，我們以兩個年齡為分界：25歲起開始會慢慢出現動態及靜態皺紋，35歲起則會發現眼皮組織有一些下垂鬆垮的現象，漸漸出現：雙眼皮皺摺由寬變窄、三角眼、因為脂肪突出造成的上下眼袋、或脂肪萎縮造成的眼窩凹陷等問題。25歲以後要注意乾燥缺水的問題，到了35歲就要注意組織下垂鬆垮的老化現象，甚至也要提防出現「皺紋型黑眼圈」，也就是因皺紋增加、眼皮下垂，使得皮膚看起來較黑，這類屬於老化型的黑眼圈。

Q 常常的揉眼睛也會加速眼周肌膚的老化嗎？

A：就像上述提到的，眼周的肌膚薄如一片紙，而且非常的敏感、脆弱，經不起力道太大的傷害，所以如果常常去揉眼睛，久了真的會讓眼睛四周的皺紋跑出來！

除了揉眼睛之外，眼部的保養力道過大也會形成傷害，比方洗臉的時候或擦眼霜的時候甚至卸妝時用力過大，這些都會讓脆弱的眼部肌膚受到傷害，一定要避免。如果因為是眼睛癢的問題，導致你不由自主的去揉眼睛，建議你應該找眼科醫師看看是不是有過敏性結膜炎，用藥物來協助克服眼睛癢的問題。

維持眼周肌膚年輕的密訣

1、重視眼周肌膚的保養

如果你問我眼周肌膚最重要的保養，我會告訴你就是「防曬」和「保濕」，而且前者更加重要，因為紫外線傷害是很嚴重的，它導致的後果不只會出現皺紋，還有女人最怕的鬆弛下垂。我想不只我的門診病人，一般女性多少都會比較注重眼周的保濕，拚命擦眼霜、敷眼膜，往往忽略了更加重要的防曬工作。

❶眼周肌膚要防曬

在市售的防曬產品當中，的確有針對眼部特別設計的防曬乳，那是因為眼周肌膚本身就比較敏感、脆弱，專用的防曬乳或許成分較單純，或許在設計上比較清爽不油膩，才不會造成眼周肌膚過度的負擔。

但其實不一定要使用特別針對眼部設計的防曬乳，除非你是敏感性肌膚，不然一般的臉部防曬乳都是可以全臉使用，所謂的「全臉」，當然也包括眼部囉！如果是敏感性肌膚，可以用純物理性的防曬乳來塗抹眼周。

眼周的防曬除了產品本身的問題，塗抹的方式也很重要。和眼霜一樣必須輕輕塗抹，不要用力擦上，而且要注意眼角、眼皮的部分都要做好防曬，不要漏了細微處。在夏天艷陽高照時，除了擦防曬乳，也要養成戴太陽眼鏡來保護眼部的習慣。戴太陽眼鏡不只保護眼周肌膚，也可以防止白內障等眼睛的老化疾病。

❷挑選適合膚質的眼霜

乾性肌膚的人，要擔心脆弱的眼周肌膚有可能更加乾燥，而油性肌膚的人，眼部周圍的皮膚通常也不會因此就油油的，所以不論是什麼膚質，眼周可能比原本的膚質要乾燥脆弱，這也是為什麼眼霜的質地總是比較滋潤，甚至厚重的緣故。

如果你不習慣使用眼霜（cream），或是不習慣油膩的厚重感，也可以選用眼膠類（gel）的產品，質地較為輕爽。

至於近來非常流行的眼膜產品，也要提醒你在敷完之後一定還要再擦上一層薄薄的眼霜，才能達到鎖水保濕的功能，不會讓敷在眼周的水分流失掉。

2、醫學美容療程

針對眼部的老化現象皺紋、鬆弛下垂等問題，說起來保養品只能做為輔助及預防老化之用，情況嚴重的話，必須借助醫學美容技術！

以眼周的動態皺紋來說，施打肉毒桿菌

素可以得到改善；而靜態皺紋的話，除了能幫助保濕的抗皺保養品之外，不少醫學美容療程也能幫助減少惱人的小細紋。至於鬆弛下垂現象，以侵入性的動刀手術來說，眼皮、眼袋的割除是一種方法，非侵入性的如目前當道的電波拉皮技術，也能夠讓鬆弛的肌膚變得緊實，達到電眼回春的效果。

❶超音波導入療程

所謂超音波導入的方式，是將各種保濕、抗老成分藉由超音波探頭，使這些有效成分能更快被皮膚吸收，來達到加強保濕、減少眼周因缺水造成的小細紋。

目前市面上常見的像是「玻尿酸保濕導入療程」、「維他命C抗老導入療程」，藉由約30分鐘的療程，幫助皮膚吸收這些成分，讓皮膚在短時間之內補充水分，改善乾燥的現象。導入療程就像做臉一樣輕鬆、舒服，治療後除了回家後要自己繼續做好保濕工作之外，沒有什麼其他需要特別照護的地方。

❷肉毒桿菌素注射

肉毒桿菌素主要的作用機轉，在阻擋神經末梢與肌肉的傳導，讓肌肉放鬆，因肌肉收縮產生的動態紋就會因此暫時消失，像眼角的魚尾紋就非常適用。有時候醫師也會用來提眉，讓眼神看起來更有精神。

肉毒桿菌素的效果大約能持續4個月至半年左右，效果在注射後約1到3天開始發揮，1到2週達到理想效能。常常有人問：打肉毒桿菌素來除皺，因為只維持半年，會不會不打了之後，皺紋變得更加嚴重？答案是：不會！甚至如果從年輕時就開始固定接受肉毒桿菌素治療的人，還可以預防新皺紋的產生，比一般人更容易保持年輕的外貌。

❸雷射、脈衝光

雷射和脈衝光治療不只能除斑、除痣，它們運用的範圍很廣，在美容上能解決多項問題。以除皺的雷射治療來說，就有多種雷射可以處理，比如飛梭雷射，而脈衝光則是可以減少細紋，淡化黑眼圈，讓皮膚看起來更光滑。

❹電波拉皮

電波拉皮是利用儀器中產生的電波產生熱能，刺激皮膚真皮層中的膠原蛋白收縮、增生，讓皮膚恢復緊實、平滑，像是輕度的眼皮下垂，就可以透過電波拉皮得到改善，眼周的電波拉皮一般需搭配上半臉的電波拉皮來達到最好的治療效果。它不必動刀、不會流血、沒有傷口，也不需要特別的術後照顧，所以沒有人會發現你去做了這樣的療程。

另外它還有一個特性，就是在術後2到6個月中，膠原蛋白會慢慢增生，這個時候效果會更加明顯，所以會讓旁人覺得你愈來愈漂亮年輕，非常自然、漸進式，不會覺得你偷偷去動刀。

另外常有人問起黑眼圈，在我看來，黑眼圈是保養品和醫學美容最難處理的面子問題，所以我個人也不排斥大家利用化妝來改善黑眼圈，一點化妝技巧就能使自己看起來更有精神，何樂而不為呢？如果想嘗試療程的話，脈衝光是不錯的選擇。

改善眼周鬆弛的侵入性治療

雙眼皮整型手術

所謂的割雙眼皮，有時候不只是有雙眼皮的效果，同時也把鬆弛下垂的上眼皮做得更加緊實，看起來就會更年輕。以年輕人來說，比較沒有鬆弛問題，用縫合法做出雙眼皮即可；如果是年紀大一點，或者有眼皮鬆弛下垂、眼皮脂肪過多者，則是以切割法切除過多皮膚及脂肪，再做出雙眼皮。而這一項手術，也可以改善因眼皮鬆弛下垂而產生的「三角眼」。

眼袋割除手術

眼袋割除手術和雙眼皮整型手術一樣，如果是年輕人，眼眶內有脂肪，比較沒有鬆弛下垂的現象，就採用內開式的方法來割除眼袋；如果是眼皮鬆弛下垂、眼皮脂肪過多，則必須從下眼瞼睫毛下方切開，把脂肪抽除後再縫合皮膚。

想要成為一位豐盈美人，利用填充物的注射治療，可以達到恢復緊實、豐盈的效果喲！

Lesson 9

法令紋、臉頰凹陷

案例：臉頰凹陷看起來真命苦！

這已經不是小倩第一次相親失敗了。她來到我的門診中，有著清秀的五官和細緻的皮膚，但本身臉頰有凹陷問題，身材也瘦瘦的，小倩說她已經很努力吃了，但怎樣都胖不到臉上。第一次相親，對方沒有意思再繼續往來；第二次相親，還是這樣的結果，直到最近一次相親，也是同樣的結果，她忍不住懷疑，難道是這樣的長相讓她看起來比較命苦嗎？真是冤枉啊！

像小倩這樣的病人不少，除了天生臉頰比較凹陷，並沒有中國人講究的「福相」之外，許多上了年紀的人，因為自然的老化關係，也會一年比一年看上去更加凹陷、鬆弛下垂。

這些問題透過軟組織的填充注射，就能大幅改善，且一點都不留痕跡呢！

以前的人想要豐頰，還必須開刀塞東西進去，現在醫療材料日新月異，利用注射針劑就能搞定，大大減少了開刀的辛苦。

皮膚為什麼會凹陷？

皮膚的「軟組織」一般指的是皮下脂肪、真皮的膠原蛋白、玻尿酸等基質。以臉部的軟組織流失來說，呈現出來的就是塌陷，最明顯的就如法令紋、臉頰凹陷。這是一種因為老化所產生的現象，利用填充注射技術將軟組織打進皮膚當中，就可以填補凹陷，讓臉部恢復豐盈有彈性的狀態。

有些人臉頰凹陷，可能是因為天生比較瘦，怎麼吃都吃不胖，臉部自然看起來比較清瘦，另一種情況就是自然的老化現象，隨著年紀增長，軟組織慢慢流失，脂肪也會位移，臉部不但有凹陷情況，還會有鬆弛、下垂的狀況產生，這時候，利用填充物的注射治療，也可以達到恢復緊實、豐盈的效果。

形成法令紋的原因

法令紋的形成是種非常微妙的過程，它牽涉到許多肌肉組織，如鼻肌、提唇肌、笑肌以及韌帶等，年輕的時候，這些肌肉及韌帶有防止臉部下垂、防止法令紋生成的作用，隨著年齡增長，這些作用愈來愈差，所有的軟組織因為重力下拉的緣故，就統統堆積到這些組織的

共同連結處，法令紋就是一個匯集地。

當然，也有人天生法令紋就較深，通常會給人較老、面相較兇的感覺，也可能因常常大笑、常常講話讓它更加深。這些問題通常是透過填充注射治療甚至是拉提手術才能改善。

豐頰美人速成法

1、軟組織填充注射治療

軟組織填充注射的原理，其實就像把水泥灌進去建築物的空隙中，讓它有撐起來的作用，包括皺紋、法令紋、臉頰凹陷等，都可以去填充。

在以往，軟組織填充只能選擇牛的膠原蛋白，現在則是玻尿酸注射當道。但現在陸續有一些填充物引進台灣，除了美容注射用的玻尿酸開始有不同的品牌之外，人類膠原蛋白注射、半永久性和永久性的注射材料也都躋身美容市場。提醒想要實行注射美容的消費者，在你決定要注射之前，應該和醫師有充分的溝通，瞭解產品能維持的時效，以及注射物的安全性。

另外，自體脂肪注射也是軟組織填充的一種，這是利用自己身體裡頭原本就有的脂肪（如腹部、臀部），先抽取出來之後，再填入需要的部位，但它和前述的填充注射不同，必須先動到小手術，比較適用於填補範圍較大的面積如臉頰、胸部等。

❶玻尿酸注射

當注射玻尿酸於體內皮下的時候，玻尿酸會撐起皮下凹陷的地方，所以不管是法令紋、臉部凹陷、豐頰、豐唇、甚至隆鼻等都可以。目前注射用的玻尿酸有不同的分子體積大小，一般來說，小分子注射於真皮淺層，可以改善淚溝、眼部靜態細紋；中分子及大分子則注射於真皮中層至下層，運用範圍包括法令紋、豐頰、豐唇等。不同分子體積大小所能維持的時間不盡相同，一般為6個月到2年不等，若要持續效果需定期續打。

提醒想要實行注射美容的消費者，在你決定要注射之前，應該和醫師有充分的溝通，瞭解產品能維持的時效，以及注射物的安全性。

❷膠原蛋白注射

膠原蛋白和玻尿酸注射的原理是一樣的，只是填充進去的內容物不同。以往，膠原蛋白會從牛的組織中萃取，但由於狂牛症引發恐慌，也為避免牛蛋白引發過敏的風險，目前所使用的膠原蛋白來源有從人類的纖維母細胞去萃取，也有國人自行研發，從豬體萃取，有衛生署核准許可的膠原蛋白植入劑，安全性較高。膠原蛋白一般來說可維持6到9個月不等，若要持續效果也是要定期續打。

❸其他成分

除了玻尿酸、膠原蛋白注射之外，新的注射成分如：骨粉，以及一些永久性和半永久性的注射材料也都躋身美容市場，不同的產品特性也讓醫師多了一些填充物的選擇。提醒想要實行注射美容的消費者，在你決定要注射之前，應該和醫師有充分的溝通，瞭解產品能維持的時效，以及注射物的安全性。

2、緊膚拉提治療

隨著年紀增長，皮膚組織鬆弛、下垂是在所難免的，當保養品再也幫不上忙的時候，各式的拉提手術就派上用場了！除了目前非常流行的電波拉皮技術外，效果次於電波拉皮，但又能達到皮膚緊緻的光波緊膚療法也很不錯，但需多次治療。若是鬆弛情況嚴重的話，也有開刀拉皮手術可供選擇。

❶光療法

以往皮膚科醫師會利用光線來治病，像是用紫外光來治療乾癬，現在除了治療疾病之外，光線也可以用來美容肌膚。巧妙運用不同的光譜區域，可以刺激膠原蛋白增生，舒緩皮膚發炎的現象。而所謂的光療法，就是運用光波的能量、波長，達到改善膚質以及緊實肌膚的目的，常見的如動力光、脈衝光、磁波光等等，這些回春療程最大的好處是溫和、沒有傷口，但是需要較多次的治療，屬於漸進式的美容治療。

❷電波拉皮

把生豬肉放在微波爐中加熱，是不是會縮起來？電波拉皮的原理就是如此，它是利用儀器中產生的電波產生熱能，刺激皮膚真皮層中的膠原蛋白收縮、增生，讓皮膚恢復緊實、平滑，皮膚會逐漸緊縮達到拉提的效果，可以改善鬆弛的眼袋，讓雙眼皮變大，拉緊下巴、淡化法令紋、頸紋，約可維持兩年的效果。

❸拉皮手術

傳統拉皮手術是將臉部的皮膚切開，沿皮下組織剝離後將臉皮掀起，再向後向上拉緊，把多餘的皮膚切除然後縫合。這樣的做法效果雖然不錯，但是疤痕很長，雖然經過一段時間疤痕會變得不明顯，可是這些疤痕的存在，加上手術時動刀的疼痛感，仍然會讓許多人畏於嘗試這樣的手術。

為解決這樣的狀況，目前許多侵入式的拉皮手術也解決了這樣的缺點，像是內視鏡拉皮手術，它最大的優點就是疤痕小，而且隱藏在髮際內，幾乎無法察覺。由於傷口小，手術中失血也較少，術後的腫脹也比較輕微，所以復原的情形會比較快，也不會有傳統拉皮手術後疤痕附近頭皮感覺遲鈍或是麻痺的現象。

通常會做拉皮手術，多半是年紀較大，臉部鬆弛下垂情況嚴重的患者，但全臉拉皮手術畢竟較為辛苦，如果經濟能力許可的話，不妨提早施作電波拉皮的年齡，把它當成一種保養，也可以延緩需要做到全臉拉皮的年齡。

Lesson 10

皮膚違章建築大掃除

案例：眼睛周圍長脂肪球了！

「李醫師，我是不是保養品用得太油了？你看我的眼睛周圍長了脂肪球耶！」當欣雯指著她的眼睛給我看時，我觀察眼睛下方的黃色小肉球，大約是芝麻的大小，成群結隊的堆在下眼皮處，顯然是汗管瘤而不是什麼脂肪球。汗管瘤是相當常見的良性腫瘤，不會對整體健康造成問題，像老人斑、皮脂腺增生等，也都是一種良性腫瘤，有時候病患一慌張，還以為自己是不是內臟怎麼了！其實對健康並無礙。

皮膚上的違章建築

像這樣的皮膚良性腫瘤，我習慣把它稱作「臉上的違章建築」，它可能有礙觀瞻，自己照鏡子看了不舒服，但實際上並不需要緊急的處理，如果很在意，可以利用雷射去除掉。

1、良性皮膚腫瘤&惡性皮膚腫瘤

當你不確定臉上長出的小腫瘤是良性還是惡性的，最好的方法就是立即請皮膚科醫師診斷，千萬不要拖延。在判斷皮膚腫瘤是良性還是惡性的，百分之百的診斷是需要病理切片的檢查，但專業的皮膚科醫師可以透過臨床經驗法則，用眼睛先幫你篩選出有問題的腫瘤，在懷疑是惡性的情況下再去做皮膚切片檢驗。

2、去除良性腫瘤的方法

皮膚上大大小小的良性腫瘤，種類可說

是非常多，像是眼睛周圍的汗管瘤、黃色瘤、粟粒腫等，或是常見的表皮囊腫（粉瘤）、以及老化常見的老人斑、皮脂腺增生等等。

如果非常在意的話，可以利用各種皮膚科的治療去除，包括切除、電燒、冷凍、雷射等。目前雷射技術相當進步，用雷射來去除的情況相當普遍。比較好的方式像是以汽化雷射處理，如二氧化碳雷射或鉺雅各雷射，但這些腫瘤沒有可以預防復發的方法或藥物，所以可能多年後還是會再長出來，只是不會一下子回復到像治療前那麼多。

3、自我判斷惡性皮膚腫瘤

皮膚一旦有了腫瘤，有可能是良性的，也有可能是惡性的。一般在檢驗之後發現是惡性腫瘤，還是以外科手術去除居多，但在還未到醫院請皮膚科醫師診斷前，你就必須常常觀察自己皮膚的變化，多關心它，才能及早發現、及早治療。

一般來說，有幾個徵兆必須多加注意：

- 腫瘤一直在變大。
- 出現潰瘍、傷口不易癒合的情形。
- 顏色異常變深、變淺或暈開來。
- 腫瘤形狀不對稱，比方圓形的痣突然變得不像圓形，像變形般的開始不對稱起來。

另外，還有必須多加小心的，就是看起來是良性，但實際上卻是惡性的皮膚腫瘤，像是只有長一、兩個，非多發性，就必須做惡性的懷疑，一般多發性的腫瘤通常都是良性。不過，不管是什麼樣的狀況都必須透過醫師的診斷，只是這些情況平時就應該要多留心，才不會延誤病情。

lesson 11

擁有ㄉㄨㄞ ㄉㄨㄞ水嫩唇

很多人都忘了唇部也要防曬的，你可以選購有防曬功能的護唇膏，這樣可以一兼二顧做到保濕和防曬。

案例：為何我的唇好多小的細紋？

湘君來到我的門診時，我還不知道她的問題在哪裡，她跟我說，所有的化妝品裡頭，她最感謝的就是「唇蜜」的問世，因為嘴唇時常容易乾裂、佈滿細紋的她，在以前只有唇膏的年代，化妝只會使她的唇看來更慘，直到唇蜜開始流行起來時，湘君的困擾才能被唇蜜掩蓋過去，但這畢竟不是長久之道，於是來到門診求助。

湘君的困擾在於自己明明就還年輕，皮膚也不差，但不知怎的，嘴唇就是乾乾的、有細紋，看起來就像老婆婆一樣，自然比別人吃虧，總是讓人多猜了幾歲的年紀，只能偷偷生悶氣。以唇部的細紋來說，有許多人是天生的，你只能注意它的保濕，讓它惡化情況減緩，至於乾燥的問題，一問之下，才知道湘君的習慣並不好，常常邊想事情邊咬嘴唇，也沒有擦護唇膏的習慣；偏愛吃辣的她，不管唇部是不是處於乾裂發炎的狀態，照吃不誤，久了，就成了這副模樣。

唇部除了倚賴平常的悉心呵護、保養外，如果問題太過困擾你，也可以借助醫師的力量來改善，比方唇部的凹陷問題，可以用填充材料或是注射方法讓它變得豐盈一些；而唇周有如老婆婆般的細紋，肉毒桿菌素也能派上用場。

唇部的老化現象

臉部的五官中，唇部是最特別的，它的構造和臉部皮膚不太一樣，嚴格來說，它算是黏膜的延伸，並不叫做皮膚，因為它沒有汗腺和皮脂腺，不會分泌油脂及汗水，也沒有角質層來保護它，比起臉上其它的部位更來得容易乾燥。

先天條件處於劣勢的唇部，又沒有好好保養的情況下，更容易讓人顯老！一般來說，看得到的唇部老化現象包含唇部本身乾燥、佈滿細紋或色素暗沉的問題，更嚴重在唇周會產生細紋，甚至唇部凹陷，嘴巴皺皺，看起來就像老婆婆一樣。

壞習慣加速唇部的老化

注意喔！日常生活中所養成的一些壞習慣，會加速唇部的老化，改掉這些壞習慣，才是保養唇部最基本的工作。

❶抿嘴唇、舔嘴唇

別小看了這個平常不經意的小動作，愈是這麼做，唇部的水分就愈容易被帶走，在乾濕重覆循環之下，久了反而會愈舔愈乾。

這邊建議你要多喝水，喝水不會對唇部保濕直接有幫助，但通常口渴的反射動作就是舔、抿嘴唇，補充足夠的水分可以防止常做這項小動作。

❷撕唇部的脫皮

唇部在太乾或太冷的情況下很容易脫皮，很多人習慣去撕它，造成流血甚至是發炎的狀況，擦再多的護唇膏都沒有用。最好的方式就是不要去動它，脫皮會自然脫落，如果真的受不了，可以用修眉小剪刀小心剪掉，千萬不要用力撕傷它。

❸卸妝力道過大

在使用唇部專用的卸妝產品時，有不少人怕卸不乾淨，就會太過用力擦拭，力道過大的話反而會過度拉扯唇部的皮膚，也會容易出現細紋。

❹抽菸

抽菸造成自由基的產生，除了讓全身的皮膚老化之外，對嘴唇的傷害也隨著你吞雲吐霧當中進行。

嘴唇最大的困擾——乾裂

唇部乾裂，似乎是每個人在天氣嚴寒的時候或多或少會碰到的問題，但如果不分四季，你的唇部若常常處於乾裂的狀態，最好檢視一下你平常的習慣。

唇部本身因為沒有角質層的保護，本來就比較敏感、脆弱，也沒有保水的功能，常常看到有人喜歡抿嘴唇、舔嘴唇，都會把唇部僅有的水分帶走，造成更嚴重的乾燥現象，所以有這種習慣的人，自然要先改掉。

唇部的保濕也很重要，只要覺得乾乾的，就應該擦護唇膏來保護。唇周的肌膚也要善加保養，在臉部使用抗皺、抗老的功能性保養品時，也不要忘了唇周的肌膚部位，才不會因為乾燥而產生細紋。

美膚教室

急救處理唇部脫皮法

方法1

以毛巾沾濕溫水，在嘴唇上面做一下溫敷，此時脫皮會軟化，如果是快要掉落的脫皮，輕輕一撥就會掉落，如果新生的脫皮，此時可以用修眉小剪刀剪掉，接著再擦上護唇膏即可。

方法2

將凡士林塗抹在嘴唇上，用保鮮膜裹上敷住，數分鐘後脫皮就會軟化，此時稍微輕輕的揉搓一下就會掉落，接著再擦上護唇膏即可。

擁有人人稱羨的水嫩唇

1、唇部的保養別偷懶

唇部因為沒有角質層的保護，留不住水分，更需要平日的悉心呵護，受了傷也要善加照顧。尤其如果平常就養成一些小小的壞習慣，就會加速唇部的老化，看上去總是老了好幾歲。

唇部的保養是不分四季，不只在容易讓嘴唇乾裂的冬天，平常每一天都應該做好保養工作。

唇部和臉部一樣，最重要的就是要做到「保濕」與「防曬」這兩項工作。以保濕來說，護唇膏（或凡士林）的保護不可少，最好挑選具鎖水功能的成分和質地，有些亮光唇液只是讓唇部看起來亮亮的，但一下子就會乾掉。

很多人都忘了唇部也是要防曬的，你可以選購有防曬功能的護唇膏，這樣可以一兼二顧做到保濕和防曬。尤其是夏天，選用有防曬效果的專用產品，保護之後，再上彩妝品就比較能夠減少紫外線的侵害。

另外，唇部的美化除了嘴唇本身，與唇部密不可分的牙齒也很重要。維持牙齒的健康狀況，才會看起來年輕一點，不然牙周提早老化、產生萎縮、病變的現象，就更像老太婆了。在平時做好正確的刷牙清潔工作，天天使用牙線，並定期到牙醫診所做檢查，才能常保牙齒的年輕活力。有人統計，經常使用牙線的人（比較沒有蛀牙、牙周病）比不用牙線的人，可以年輕五歲呢！

2、醫學美容療程

唇部老化的兩大問題，就是唇部產生凹陷及細紋。以凹陷的問題來說，可以藉由填補凹陷來達到改善效果；至於像老婆婆的唇邊細紋，施打肉毒桿菌素也是有幫助的。

❶填充物注射

目前的注射填充物包括玻尿酸、自體的脂肪或人工永久性材料。以最常見的玻尿酸來說，除了可以填補唇部的凹陷，即使沒有凹陷，但想讓唇部看起來豐腴性感一點，也可以透過施打玻尿酸而擁有如韓國明星般的美麗豐唇。玻尿酸在注射之後將慢慢被人體所吸收，效果約維持1年，當效果消失時便要重覆注射，優點是如果尚未決定自己是否喜歡及接受豐唇後的效果而想試試，這個方法比較適合，因為簡單而且可以恢復原狀。

利用自體脂肪移植來豐唇則是抽取自己的脂肪，經處理後再注射入唇部達到豐唇的效果。植入的脂肪約有一半或以上會被吸收而喪失，所以可能要於數月後再重新補充注射，才有滿意的效果。

另一種永久的豐唇法便是植入永久性不被吸收的人工材料，這需要在局部麻醉下，由兩邊唇角經針孔穿入。

❷肉毒桿菌素注射

隨著年齡老化，嘴部周圍會出現明顯皺紋，說起話或者笑起來更是明顯，年齡立刻就

曝光了。肉毒桿菌素主要的作用機轉，在阻擋神經末梢與肌肉的傳導，讓肌肉放鬆，因肌肉收縮而產生的動態紋就會因此暫時消失，而唇紋的產生，就是在老化的過程中，口輪匝肌過度收縮所造成的，所以一旦注射肉毒桿菌素，就可以使得唇周的肌群放鬆，不但能改善細紋，也能改變唇形，變得更自然，而不會有一直縮著嘴巴的感覺。效果大約能持續4個月到半年左右。

頭皮一旦健康，頭髮也會跟著健康，做好頭皮及頭髮的保養，就是擁有美麗髮絲的祕密武器！

Lesson 12

禿髮、掉髮，都有辦法！

案例：頭髮一直掉，真是煩透了！

很多男性都會擔心禿髮的問題，其實禿髮的問題不是男性的專利，只是男性發生的機率較高而已，女性一樣會有落髮的問題。

就像我第一次見到小莉的時候，一張漂亮的臉龐，從外觀上面看不出有什麼問題，但卻哭喪著一張臉，後來小莉低下頭來，讓我看她頭部中央有個十元硬幣大小的圓禿，我才知道她的困擾在哪裡。

一問之下，我才知道小莉最近換了工作，加上剛生完小孩，家庭和事業的壓力一併而來，每天都很焦慮不安，連飯都吃不下，突如而來的壓力，慢慢累積起來，反應在身體上的就是很典型的「圓禿」，也就是我們俗稱的

「鬼剃頭」。

另外門診中比較常見的，還有像志勇這樣的病患，年紀並不大，但頭髮愈來愈稀疏，不是髮線慢慢的愈來愈往上，就是從頭頂中央開始掉髮，感覺快要邁向地中海之路。

志勇很煩惱，他告訴我期貨經紀人的工作已經讓他壓力很大，常常反應在掉髮上了，偏偏家族中的男性，包括爺爺、爸爸還有比他年長許多的哥哥，全都禿成一片，實在不得不擔心。

像志勇這種男性家族遺傳造成的雄性禿，固然讓許多年輕男性感到憂慮，但掉髮的問題其實只要及早發現、及早去解決，絕對可以延緩髮禿的速度及掉髮的髮量，假如等到你禿到相當嚴重，且都長不出頭髮來了，那時再來思考解決辦法，最後只有靠植髮手術才能挽回！

了解異常掉髮的原因

在了解掉髮的原因之前，我們先來談談什麼情況才算是異常的掉髮。

每個人每天都會掉頭髮，不管是洗頭髮、梳頭髮、睡覺等等，掉頭髮都是非常正常的生理現象。以成年人來說，一個人的髮量大約有10萬到15萬根，進入休眠期的頭髮會自然脫落，就是我們看到的落髮現象。一天的掉髮量在100根以內，都屬於正常的範圍，只有超過這個數值，才算是異常的落髮。

異常掉髮的原因有很多，以掉髮的型態來說，一種是稀疏的落髮，比較均勻分布，一種則是局部的落髮，比較集中；前者多半和內科疾病有關，比方做過化學治療、營養不均衡、缺鐵性貧血、免疫系統疾病（紅斑性狼瘡）、內分泌疾病（甲狀腺功能異常）等等，還有的話就是像婦女產後、荷爾蒙急速變化、突發的重大壓力、生過重病之後……這些都是造成稀疏性落髮的常見原因。

至於局部落髮，最常見的就是因為壓力造成的圓禿，也就是我們俗稱的「鬼剃頭」，禿髮的範圍很小，通常都是小小的一塊。還有一種就是因為心理異常產生的「拔毛症」，也就是病患本身有拔頭髮的習慣，通常比較常發生在兒童、青少年身上，因為學業壓力過大產生的焦慮行為，必須借助精神科醫師的協助及家長的配合，才能改善此一症狀。

另外還有像志勇這樣的男性，和遺傳基因有關的「雄性禿」，雄性禿不只會發生在男性身上，也有少數的女性會有雄性禿。

有關掉髮的Q&A

Q1 我自認為一天的掉髮不到一百根，但還是有愈來愈稀疏的傾向，怎麼辦？

A：要檢查自己是否有異常掉髮，除了一天自然脫落的髮量不超過正常範圍之外，最好連續觀察一週，如果一週以來都接近100根或超過，最好找醫師檢查一下。

有時候掉髮是「感覺」的問題，尤其有些中年的男性朋友，可能頭髮掉得並不多，就是擔心自己禿髮緊張了起來，其實最好的方式就是先找皮膚科醫師做初步的檢查，由醫師為你做判斷。有不少人懷疑自己異常掉髮時會先到新陳代謝科的門診看病，但其實在我們上面提到落髮的原因中，因為內科疾病造成的落髮，其實情況很少，所以還是先由皮膚科醫師為你做初步判斷，可以免走很多冤枉路。

Q2 為什麼男性比女性容易禿髮？

A：男性比女性容易禿髮，跟男性荷爾蒙的影響有關。如果一個人對男性荷爾蒙較為敏感的話，它落髮的情況就會相對較嚴重，就是我們所說的「雄性禿」。以統計數字來說，台灣男性超過50歲，兩個人中就有一人會有這樣的問題，只是禿髮嚴重程度的差異而已。女性也會有雄性禿的問題，只是因為體內男性荷爾蒙較少，比較不受影響，只有對男性荷爾蒙較敏感的女性，有可能出現雄性禿。

男性雄性禿的原因有三個，一個是遺傳的

體質，一個是年紀（年紀愈大，頭髮愈少），另一個才是男性荷爾蒙的影響，通常前兩項原因非人為所能控制，也很難治療和改善，目前醫學上所做的努力，都是針對第三個原因做治療。但隨著基因研究的進展，未來有可能會找到雄性禿的相關基因，一旦可以進行基因治療，將可以早期治療，就不會年紀輕輕就頂上無毛了。

Q3 如果女性有雄性禿遺傳的話，懷孕是不是會更嚴重呢？那生下來的小孩會不會禿髮的機率也很高？

A：雄性禿會遺傳的機率因人而異，兄弟姊妹間每個人的毛囊對男性荷爾蒙的敏感性也不一，只能說有家族史的人比較容易產生禿髮的情況。至於懷孕，是不會讓雄性禿的狀況更嚴重，但可能和一般人一樣產生產後掉髮的狀況，產後落髮多發生在產後3到4個月左右，不必特別擔心，通常數個月後就恢復正常。

了解白頭髮形成的原因

白頭髮的形成可以分成兩種，一種是先天性的白髮，像是白斑、白子患者，一種則是後天性的白髮，與老化的現象有關，人年紀愈大，黑色素愈來愈少，頭髮自然會從黑色轉為灰色，再從灰色轉為白色。

但白髮並不是屬於老年人的專利，有些人

年紀不大，甚至年紀輕輕，就有白頭髮出現，除了個人體質之外，其中和壓力或多或少有關係，也算是愈來愈多見的文明症之一。

至於還沒老年就白了頭髮，原因有很多，少部分是因為疾病所造成，還有就是和個人體質有關，或是家族遺傳基因所造成，比方你的父親或母親年紀輕輕就有白頭髮，你就也可能有這種情況。

或許你會問：「如果是先天性的白頭髮，能不能治療？」很抱歉，如果是先天性的白髮是沒有可以治療的方式，但如果是後天性的白頭髮，除了染髮一途外，倒是可以透過營養攝取來改善，但也要視個人的體質而定。以中醫來說，芝麻和何首烏是可以幫助烏髮的食物、藥材，因此如果要改善後天性的白髮，除了染髮之外，我也建議可以多攝取這兩種東西。

受用一生的健髮教室

頭皮一旦健康，頭髮也會跟著健康，對掉髮和白髮的問題多少有幫助。不管是男性或是女性，除了擔心禿髮外，都希望自己擁有一頭漂亮、充滿光澤的黑髮。要達到這樣的目的並不難，改掉一些壞習慣、做好頭皮及頭髮的保養，就是擁有美麗髮絲的祕密武器！

1、保養頭髮，你做對了嗎？

健康頭髮，可透過以下的保養：

•促進頭皮循環——頭皮也是身上的皮膚，它關乎到頭髮的健康問題，所以平常可以多促進頭皮的微循環，像是洗頭髮之前先以精油按摩頭皮，或是洗髮的時候以指腹按摩頭皮；平時也可以用按摩頭皮用的木頭梳子來做按摩。

如果是到健髮中心的話，有些也會以低能量的雷射來促進頭皮的微循環，目的就是達到健髮的功效。

•做好護髮——髮質不好的話，就容易斷裂，而一旦斷裂，髮量就會減少，所以平常可以定期護髮，利用一些含水解蛋白、維他命B5、絲蛋白等護髮產品，來強健髮絲。

・攝取健髮食物——營養均衡對頭髮的健康有直接性的影響，偏食或節食導致營養不良，都可能使頭髮稀疏。除此之外，多攝取先前提到的芝麻、何首烏等能幫助烏髮的食物也不錯。

2、改變你的壞習慣

容易掉髮、頭髮不健康，除了之前所談的因素之外，在日常生活中累積的壞習慣也不可小覷喔！

・壓力與作息不正常——落髮與一個人遭受的壓力有不小的關係，所以舉凡工作過度、熬夜、睡眠不足等等，都會影響頭髮的健康，愛你的頭髮就要保持健康良好的生活作息。

・飲食不正常——除了營養不均衡會影響頭髮健康外，吃太鹹、太甜、太辣等等，也會造成落髮。

・頭髮綁得太緊——有些女孩子喜歡綁馬尾，但是過度拉緊的馬尾，往往讓受力最大的髮際部位產生禿髮，我們稱之為牽扯性禿髮。

3、染、燙髮不要太頻繁

過度的染髮、燙髮也是造成髮質差、頭髮易斷裂、易脫落的原因之一。建議染、燙的時間不要太密集，至少要間隔兩至三個月，還有染髮和燙髮也不要同一時間進行，那對髮質的傷害是相當大的。

染髮可分為永久染和暫時染，前者較易傷髮質，後者比較不會傷髮質。但愛護頭髮應該避免吹整染燙，所以染髮能減少或甚至避免的話是最好的。目前染劑中的成分PPD，已經證實會引起膀胱癌，但這類的病例通常發生在染料工廠的工人，一般的染髮因為劑量低，若不是頻繁的染髮，應不會造成膀胱癌，不必過於擔心。

美膚教室

染髮時要注意哪些事項？

1染髮前的那一次洗髮盡量用清水沖洗即可，不要用洗髮精，因為脫色時雙氧水加上鹼性染劑，對頭皮是一大刺激，不用洗髮精可保留頭皮上的皮脂，保護頭皮。

2不要同時燙染，最好先燙後染。先染過的頭髮較脆弱，燙髮劑較易進入髮幹作用，會使得燙髮效果較無法拿捏，另外頭髮也較易斷裂。最好染和燙之間可以隔個7到10天。

3找技術良好的美髮師。

4選擇大廠牌的染劑，避免來路不明的化工廠染劑，以降低接觸到劣質染劑的風險。

5染劑中的PPD長期大量接觸會引起膀胱癌。因此不建議太頻繁的染髮。兩次染髮應間隔至少2個月以上。有時候可以只補染新長的頭髮髮根就好，以減少接觸染料。

生髮

所謂的「生髮」，就是能讓頭髮重新生長、增加髮量，而不是只有健康頭皮和髮絲而已，所以坊間有一些偏方，像是用生薑擦頭皮、用蒜汁抹頭皮等等，頂多都只能算在「健髮」的範疇，而且效果因人而異，並不一定能讓禿掉的地方長出頭髮來。

❶有效的生髮成分之一：minoxidil

目前美國FDA認可有生髮功效的兩種藥品為minoxidil和finasteride，前者通常製成生髮水，最常聽到的品牌就是「落健」，但目前這個成分已非專利，所以有多家藥廠的生髮水已見此一成分，如「昇髮密碼」；後者就是口服的藥物「柔沛」。

消費者在選擇生髮產品時需注意，不是標榜「生髮」的產品就有用，必須含有目前醫學研究證實有效的成分minoxidil才有效。這個成分本來是一種降血壓藥，後來意外發現它有多

毛的副作用，就研究發展成能生髮的生髮水。

這種生髮水分成為2%及5%兩種濃度。2%的濃度適用於有雄性禿的男性和女性，至於5%則適用於雄性禿較嚴重的男性，效果比2%的要來的快。但不管是哪一種濃度，都需要連續使用3到6個月才能看到效果，目前使用的結果也顯示，至少有5成的人會覺得有效。minoxidil 2%濃度的生髮水在一般藥局可以買得到，5%的則需要醫師的處方。

❷有效的生髮成分之二：finasteride

1毫克的finasteride就是柔沛，是藉由阻斷影響男性賀爾蒙生成過程中的一種酵素（5α-reductase typeII），來達到治療雄性禿的目的，也就是我們前面講到經醫學研究證實有生髮功效的另一種藥物，它是屬於醫師處方，沒有辦法自行購買服用。如果在藥局自行買到，要小心是否為水貨或偽藥。

柔沛是一種口服藥，一天吃一顆，同樣要服用3至6個月才能看得到效果。目前的成效也顯示在服用一年之後，85%的人會覺得掉髮量減少，而60%的人會覺得髮量增加。

影響生髮成分的效果

上述兩種成分對一個人有沒有效，和年紀無關，比較相關的反倒是落髮的嚴重程度。如果是落髮的初期，用吃的或是用擦的都有一定的效果，而且不同的落髮型態也有不同的效果，像是從中間禿起的地中海，口服藥物通常較有效；如果是髮線往後移的那種禿髮，則是擦的比較有效。

要提醒你的是，不管是什麼樣的禿髮，愈早開始治療效果會愈好，所謂留住青山在，不怕沒柴燒。這兩種藥物都沒有健保給付，愛美不想禿頭的人只能自掏腰包購買。

❸另類療法和健髮產品

市面上也有除了上述兩種藥品以外的另類療法，包括使用低能量雷射治療（如：氦氖雷射、紅外光、雷射健髮梳等）、中醫穴位按摩、針灸等。你也會在藥房買到一些藥廠出品的健髮產品，這些多數是一些植物萃取的健髮成分（如：銀杏、鋸棕櫚萃取物、蘆薈等），效果因人而異，就醫師的角度來看，我們只能將之當成是健髮的方法，或許有些許的生髮幫助，卻不能當成生髮的藥品來看待。

Q 我擦生髮水好久都沒有效果，我的禿髮真的沒有救了嗎？

A：有一種情況是無論如何努力生髮都是沒有效的，就是頭髮都光禿禿了，毛囊已經完全萎縮，這時就很難去治療。

另外也要看你的掉髮原因是什麼。如果是內科疾病引起的問題，那麼當然必須先治療好疾病，最好方法就是由你的皮膚科醫師為你判斷落髮的原因，才能斷定你是不是生髮無效的對象。

也可能你尚未擦足3到6個月，所以療效還看不出來。

植髮

所謂的「植髮」，就是要將頭皮後部（睡覺時的枕部）的毛髮，移植到上額頭或頭頂的手術，因為枕部的毛髮是不斷成長的，所以即使移到禿髮的部位，還是保有繼續成長的特性，並不影響外觀。

做法是把頭皮枕部的毛髮取下來，再把它們分株開來，像插秧一樣把它們種在禿髮的地方，一般種上去的頭髮都有9成以上的存活率，大約3個月後會看到頭髮開始生長的效果。

但由於植髮的費用較高，一般雄性禿的男性多需要花費一、二十萬才能改善，所以最好在還沒禿光之前，盡量使用生髮藥品還是比較經濟的做法。嚴重的禿髮者，如果不想接受手術的話，也可以用假髮、髮片等來美化外觀。

什麼樣的人適合植髮呢？簡單來說，植髮就是針對再也長不出頭髮的禿髮，最常見的就是雄性禿已經禿到非常嚴重，或者希望頭髮更茂密的中度禿髮者，就可以考慮做這種手術。第二種就是頭皮曾經受過傷，並且留下疤痕，因為疤痕上面長不出頭髮了，就可以在上面直接植髮。

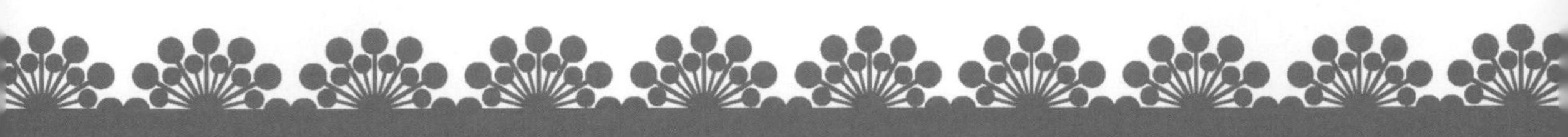

無瑕美體の5堂課

我認為美肌是一個整體的感覺，如果只把臉照顧好，卻忘了你的頸部、手腳、指甲的保養，就好像一幅畫沒有裝上畫框，總是少了完整的美感。因此要成為全方位的美肌女王，照顧臉部肌膚的同時，也別忘了身體肌膚的保養，否則你的保養就只做了半套而已，只要用心善待你的每一吋肌膚，長時間累積下來，一定能看到你努力的點點滴滴。

想要維持優雅的頸部線條，一定要透過平常一點一滴的保養來預防頸紋。

Lesson 1

別讓頸紋洩露年齡

案例：頸紋讓人看起來變老了！

保養品廣告上的莎朗史東，皮膚細緻光滑，美豔動人的樣子就跟她十年前一樣，一點也沒變，看不出是年近半百的女明星。但一打開美國的八卦新聞報，看到狗仔隊拍到莎朗史東皺紋遍布的頸部，下了諷刺性的標語「歲月不饒人」，真是讓人覺得歲月真的不饒人！

一個人讓人感覺老了，除了臉上的皺紋，最明顯的就是頸紋了。張媽媽是我門診中的病人，雖然五十歲出頭，卻有著緊緻、充滿彈性的皮膚，兩個小孩都已經大學畢業了，卻常常被人稱讚一點都看不出來，好像才四十多歲。但仔細一看，張媽媽的頸部肌膚明顯比臉部老得快，除了皺紋滿佈，也有鬆弛的情況，光看脖子的話，你甚至會猜吳媽媽是不是六十歲的婆婆，這也讓她相當在意，這天因為來看富貴手，便順道和我聊起了頸紋的問擾。

頸紋的形成原因除了老化之外，像是生產時或變胖時皮膚撐大了，瘦下來之後就有可能變得鬆鬆的，這種狀況也非常常見，所以門診中最常看到想要改善頸紋的多半是上了年紀的婆婆們或是生完小孩的婦女，像我表妹的頸部原本也是相當細緻，但生完小孩後就多了幾條，實在是蠻無奈的一件事。

如果你想要維持優雅的頸部線條，擺脫火雞一樣的頸紋，一定要透過平常一點一滴的保養和適當的頸部美容操來預防，頸紋一旦產生，比起臉部的紋路來說更難處理，所以預防性的保養更行重要。

頸紋的形成原因

脖子上會出現一條一條的紋路，不是只有上了年紀才會，很多你意想不到的原因都會造成頸紋的出現。

・老化——人一旦開始老化，皮膚就會愈來愈鬆弛，鬆弛就會造成紋路出現，所以大部分的人年紀愈大頸紋就會愈嚴重。

・睡姿不良——頸紋也會因為長期擠壓而壓出紋路，如果你一直都睡很高的枕頭，頭部就會常常往前彎曲，久了就容易壓出頸紋。

・忽胖忽瘦——胖了又瘦、瘦了又胖……在這樣的循環下皮膚必須承受撐大和縮小的壓力，久而久之會變得鬆弛，也容易產生頸紋。

・生產——和胖了又瘦下來的原理一樣，從懷孕到生產完，皮膚會慢慢的被撐大，然後又鬆垮了下來，也很容易產生頸紋。

・天生體質——有些人因為體質的關係，容易產生頸紋，也有些人就不易產生頸紋，往往到了五、六十歲，脖子還是很漂亮、年輕。

教你擁有美美的頸部

❶頸部美容操

簡單易學的頸部保養

頸部美容操

很多人會問我，李醫師，頸部到底該怎麼保養才不會顯老？其實很簡單，你只要每天在洗澡過後保養的時候，多花一點點時間做做頸部的美容操，搭配頸部的保養品一起按摩，除了能預防紋路形成、改善紋路，因為按摩的關係，均勻脂肪的分布，久了也可以改善脖子脂肪肥厚、討人厭的雙下巴現象！

Step 1

先擦上乳液。

Step 2

在頸部正前方以輕柔的手勢，雙手同時由下往上按摩，接著換做頸側，一樣由下往上按摩。

Step 3

然後從頸部底部開始，兩手在頸部前面交替按摩，以一上一下的方式來回，連續按摩幾回。

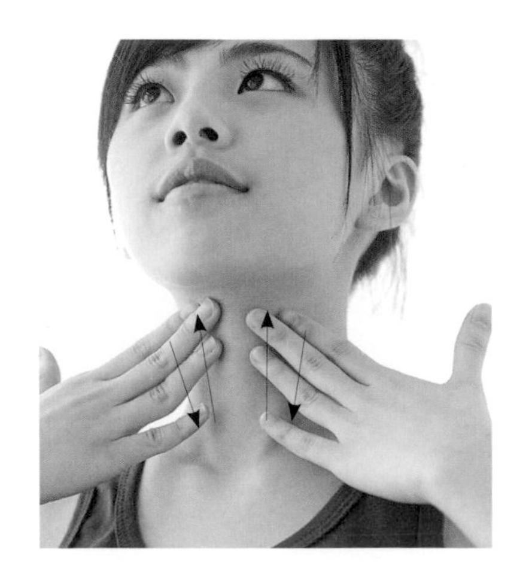

Step 4

將頭向右邊側，左手置於頸側筋處，由此往下巴的地方滑動，下巴順勢微抬，按摩的終點就是雙下巴的地方。一側按摩完之後，再換另一側。

❷預防性保養

嚴格來說，頸部的保養跟臉應該是要一樣的，但很多愛美人士顧及了面子，卻忽略了頸部肌膚的重要性。頸部的防曬和保濕工作非常重要，尤其是防曬，另外可以使用一些抗老的成分，延緩它老化的速度。要預防頸部出現紋路，最好的方式就是及早開始保養！

至於是不是一定要使用專門擦頸紋的保養品，其實不盡然。如果你使用的臉部保養品不錯的話，保養臉部的同時可以同時使用在頸部，因為頸部的皮膚結構和臉部是非常相近的，它並沒有像眼睛周圍如此敏感，需要特別用到眼霜這種專用保養品，所以拿好一點的臉部保養品一起使用就可以了。

不要倒是要提醒的是，不管是用頸霜還是好一點的臉部保養品，擦在頸部的時候都要注意不要太用力去摩擦它，最好的手勢就是由下往上慢慢的、輕輕的按摩，不要左右用力拉扯，免得久了也會拉扯出紋路，白費你的保養計畫！

美膚 Q&A

Q 用頸膜保養頸部有用嗎？

A：目前市面上可以看到的頸部專用膜，多半是布膜。這種頸膜，除了保濕功能不錯之外，多半含有緊實肌膚的成分，除了針對脖子上的細紋，也多少對鬆弛的狀況有緊實的幫助。

但如果想光靠頸膜保養頸部絕對是不夠的！搭配日常的保養和正確的按摩比較能看到效果，如果是非常嚴重的鬆弛現象，頸膜的幫助就很小，還是必須仰賴醫學美容療程才能改善。

❸注意枕頭的高度

我建議睡覺的時候要注意自己的枕頭是否過高，因為睡過高的枕頭很容易壓到頸部肌膚，久了就會產生紋路。

我本身也是枕頭過高造成頸紋加深的受害

者，去年我注意到這個問題之後，開始不睡枕頭之後，頸紋也就淡化下來了。

還有門診中常常看到瘦身成功的漂亮美眉，雖然身材恢復了，卻出現惱人的頸紋，所以最好防止讓身材忽胖忽瘦，才不會每次瘦下來都多了幾道紋路。

❹醫學美容療程

眼部和臉部如果出現了皺紋、鬆弛現象，可以藉由醫學美容療程來幫助，頸部當然也不例外囉！透過打擊鬆弛最流行的電波拉皮療程，或治療紋路的雷射手術，都可以改善頸紋的問題。

• 電波拉皮——電波拉皮是利用儀器中產生的電波產生熱能，刺激皮膚真皮層中的膠原蛋白收縮、增生，讓皮膚恢復緊實、平滑，所以只要是皮膚鬆弛的地方，不只臉部，就連頸部，都可以透過電波拉皮得到改善。

電波拉皮因為不必動刀、不會流血、沒有傷口，也不需要特別的術後照顧，治療時間短，但卻沒有人會發現你去做了這樣的療程。另外它還有一個特性，就是在術後2至6個月中，膠原蛋白會慢慢增生，這時效果是最好的，大約可維持兩年。

• 雷射——改善頸紋的雷射和除皺的雷射相同，只是當雷射處理頸部肌膚之後，頸部肌膚的回復能力可能較臉部肌膚為慢。以下分別說明幾種可供選擇的雷射。

以長脈衝雅鉻雷射（柔絲光雷射）來說，它

使用1064nm波長可以選擇性的讓毛髮黑色素、血管中含氧紅血素吸收，當光能轉化為熱能的時候，便能夠溫和破壞毛髮的再生結構和血管組織，所以常做為除毛及微血管擴張的治療。但由於它同時有改善細紋的作用，所以施作於頸部皮膚的話，也可以幫助改善頸紋，讓皮膚看起來更加光滑。

另外飛梭雷射也可以用來改善頸紋，其原理最重要的精神是「分段式雷射」，也就是利用特殊的晶片探頭，將奈米雷射光束打進皮膚當中，然後利用它密度的累積，一次只破壞約20％的皮膚，因此仍有不被破壞的皮膚可以快速復原。這種雷射就利用先破壞、再重建的原理，藉由細胞再生作用、膠原蛋白重生，還有老廢細胞代謝的方式，達到改善皺紋的效果，術後的紅腫恢復期短，大約數天之後就可以消退。

除了能改善臉部的皺紋、凹洞、疤痕、斑點，飛梭雷射也能改善頸部的紋路。由於飛梭雷射一次只能破壞約20％的皮膚，要達到良好的效果，一般都會進行4到6次的療程，每次間隔約2個月，同時也要注意防曬的工作。

• 脈衝光——脈衝光不像雷射是單一波長的光，它是一個波段的光，我們可以把它當成是一種複和式的雷射，只要選取不同波段的光，設定能量及脈衝數，脈衝光便可以除斑、去除微血管擴張、緊緻肌膚，因為不容易造成傷口，恢復期短，又被稱做午休美容。既然脈衝光可以做臉部肌膚的回春，當然也可以運用來使頸部、手部的肌膚美化。所以頸部的細紋也能利用脈衝光來處理，同樣需要多次治療來達到最好的效果。

• 肉毒桿菌素注射——對於因為肌肉張力過大引起的垂直線條的粗頸紋，肉毒桿菌素也可以達到放鬆肌肉的效果而改善頸紋。

只要有心，想要擁有像模特兒一樣擁有美麗的手跟腳，其實一點都不難喔！

Lesson 2

美的沒破綻，關鍵在手、腳

案例：美眉的腳竟有厚厚的皮繭！

除了臉蛋之外，手跟腳也是女性們愈來愈重視的保養部位，尤其隨著指甲彩繪的流行，還有穿涼鞋必須show出美美的雙腳，你看夏天一到，美容雜誌和美容節目有多少教的都是手足保養！

不要以為手跟腳不會有什麼大問題，其實因為這個問題困擾的人還不少呢！以手來說，最常看到的就是必須常常接觸清潔劑的婆婆媽媽們，一雙手變得十分粗糙，還合併有富貴手的問題，看上去就是一雙蒼老的手，和臉蛋的皮膚形成強烈對比。

還有，足部厚皮也是許多人的困擾之一。記得曾經有一位病人因為疾病的關係，會迫使他以為自己正處於饑餓狀態，不斷吃東西的結果之下，導致體重有一百多公斤，由於雙腳必須長期承受身體的壓力，把腳跟磨出了厚厚的皮繭，當時他幾乎每個禮拜都會來門診找我一次削掉腳部的厚皮，後來隨著減重計畫成功，慢慢從一百多公斤降至八十公斤，腳跟厚皮的現象也得到改善。

手腳和臉部的皮膚不同的地方，就在於它只要靠著日積月累的悉心保養，通常是不會太嚴重，也不需要利用醫學美容療程來治療，所以只要有心，要能擁有像模特兒一樣擁有美麗的手跟腳，其實一點都不難喔！

手、腳肌膚是美人決勝關鍵

有些人的臉蛋看起來光滑細嫩，但一看手腳，就老了許多，看起來粗粗的，皮膚不光滑，除了長久沒注意到、疏忽了保養之外，也有幾種可能性。

❶毛孔角化症

毛孔角化症是一種天生體質引起的皮膚疾病，它好發於上手臂的外側或是大腿外側，有些人在臉上、小腿上也有，特色就是在毛孔上面可以摸到角質增厚的粗糙顆粒，一顆、一顆的，通常十幾歲的時候會發生，到老年之後才會慢慢消失。不過毛孔角化症本身並不會影響身體的健康，所以除非非常在意外觀和觸感的問題，一般並不需要治療。

❷富貴手

有富貴手的人，手部看起來也蒼老許多。如果是要經常做家事，或是接觸到水、清潔劑的主婦們或相關產業的工作者（如餐飲業），長期需要洗手、擦乾、洗手、擦乾在這樣乾溼的惡性循環下，非常容易產生富貴手。另外，有過敏體質的人，也較容易發生富貴手的情況。

❸魚鱗癬

所謂的魚鱗癬，就是身體的皮膚較乾，容

易出現如魚鱗狀的脫屑，尤其在小腿前側等這些皮脂分泌較少的部位，就會更容易發作，也因此手和腳常常看起來乾乾、粗粗的。

Q 穿鞋穿出腳跟厚皮，該怎麼辦呢？

A：首先你可以先檢查一下你穿鞋子的習慣，像有些人喜歡穿高跟鞋，就會老是壓迫到同一個地方，自然會磨出厚皮，最好的方法就是要常常換穿不同的鞋子，不要讓壓力點始終集中在某個部位。

另外如果發現鞋子有某個地方讓你穿起來壓力較大的話，可以使用矽膠的鞋墊墊進去，減緩你走路的壓力，自然就可以改善腳底厚皮的現象。

在皮膚科門診也可以開立一些軟化角質的藥品改善，甚至替你削去厚皮，只是改變你穿鞋的習慣才是治本之道。

晉身千金名媛的手足美肌教室

1、三大皮膚病的日常保養

不管是毛孔角化症、富貴手還是魚鱗癬體質，都算是非常常見的皮膚病症，影響的層面不只是日常生活的困擾而已，也會讓我們最常忽略的手部和腳部，肉眼年齡與實際年齡不成正比！除了正規的皮膚科治療外，要恢復正常外觀的手腳膚況，最不能少的啊，還是日常生活的保養小細節喔！

❶毛孔角化症

毛孔角化症其實並不需要特別治療，它好發於青少年時期，到老年會慢慢消失，如果非常在意的話，可以擦一些軟化角質的藥物或保養品來改善，像是含水楊酸、尿素、果酸的藥物或保養品，甚至是醫師處方A酸，因為它們能幫助角質代謝增快，讓老廢角質自然脫落，稍微改善毛孔角化症的情況。比較心急的人，可以考慮果酸換膚或鑽石微雕的治療。

❷富貴手

通常會形成富貴手，最大的要害就是保養不當和清潔習慣錯誤。有些人很愛洗手，一洗下來就洗出了富貴手，所以最好的方式就是少洗手，一洗完手也要立刻擦上護手霜。

另外，就是要少碰清潔劑，不然會更嚴重。如果是家事或工作無可避免的話，最好的方式就是戴上手套再做事。還有就是需要沖水或洗滌的家事最好一次集中做完，不要分太多次處理，像是有些媽媽要洗奶瓶，可以多準備幾罐洗好，然後再分次使用，最後再一起洗，就不會讓手一直曝露在需要洗手的機會中。

❸魚鱗癬

魚鱗癬最大的問題，就是皮膚過於乾燥，所以只要減少皮膚乾燥的機會，就能改善手腳粗糙的情況。

在清潔方面，一些比較容易乾燥的部位如小腿前側，建議你用清水不要使用沐浴乳或肥皂；另外和富貴手的預防之道一樣，也要減少接觸到水的機會，碰到的話也要及時以保濕乳液來保護肌膚。如果魚鱗癬的狀況很嚴重，倒是可以使用一些軟化角質的產品，但並非強力去角質，溫和軟化角質，次數不要頻繁，一個月一次就可以了。

另外還有一項大家容易忽略的，就是物理性的防護。冬天的天氣特別嚴寒，氣溫和冷風都會讓皮膚乾燥的情況更加嚴重，適時地穿厚襪子、長褲來保護，減少皮膚曝露在外面的機會，也有不錯的幫助。

2、幫指甲做健康檢查

嚴格來說，指甲也是手部皮膚的一部分，顏色泛黃、灰指甲、出現紋路等，都會讓玉手看起來更加蒼老。按時為心愛的指甲做DIY健康檢查，也是保養雙手雙腳的重要工作喔！

❶檢查指甲的健康狀況

一個健康的指甲，在顏色上應該是淡淡的粉紅色，不應該有顏色的異常，指甲的表面光滑，沒有紋路。如果你的指甲顏色變白、變黃、變黑或是變綠，那就是不健康的指甲了。而隨著老化的關係，指甲也會出現縱向的紋路，它倒是和健康沒有太大的關係，但卻提醒著你要更加做好保養，延緩老化的發生。

常見的異常指甲除了從顏色去判別之外，有些人的指甲還會出現白色的點狀，這些白點可能和內科疾病有關，也可能只是因為清潔劑所造成，如果出現這樣的情況，可以到醫院找醫師做抽血檢查，或許是疾病反應的症狀也說不定。

還有，「甲床分離」也是常見的指甲異常現象，它會從指甲外面裂開來，從外面侵蝕進去，讓指甲愈裂愈白，通常會造成這種現象有兩種原因，一個和物理性的傷害有關，比方因彈鋼琴、敲打電腦鍵盤引發的傷害；另外就是化學性的傷害，像是長期接觸清潔劑、水等物質。

另外如果指甲的顏色異常，合併有不規則的指甲面，就要趕快找醫師做檢查，看看是不是感染霉菌，也就是我們俗稱的「灰指甲」，這種病症必須與醫師配合一段時間、耐心治療才會根治。

Q 我的指甲常常斷裂，該怎麼辦呢？

A：指甲會斷裂，不是留過長，就是指甲本身變薄或變脆引起的。通常會發生這樣的狀況，往往都是雙手過度接觸清潔劑，比方家庭主婦、美髮業者，就常有這樣的問題。

另外，太常塗指甲油也會讓指甲變薄、變脆，因為指甲富含蛋白質，長時間接觸去光水、黏著劑等，蛋白質就很容易受到分解破壞。

要改善指甲斷裂的方法，除了指甲不要留太長之外，也不要太常進行指甲彩繪。另外，要減少接觸清潔劑的機會，如果一定要接觸，也最好戴上手套，保護你的指甲。

嚴格來説，指甲也是手部皮膚的一部分，顏色泛黃、灰指甲、出現紋路等等，都會讓玉手看起來更加蒼老。按時為心愛的指甲做DIY健康檢查，也是保養雙手的重要工作喔！

❷正確的美甲觀念

目前指甲油已經是愛美女性們的必備行頭，指甲彩繪或是水晶指甲也是熱門美容項目。有些人會擔心常擦指甲油會傷害指甲，其實比較需要擔心不是指甲油本身，反而是去光水，因為它是屬於揮發性的溶劑，會讓皮膚變得比較乾燥，但你卸除的時候又不可能不碰到指緣的皮膚，所以會連帶傷害到這些肌膚，讓它變得比較乾燥。最好在使用去光水卸除指甲油前，先為甲溝旁的皮膚擦上一層護手霜，這樣可以降低去光水的傷害。

擦指甲油應該要注意幾件事：一、盡量只擦到指甲，不要沾到皮膚，以減少接觸性皮膚炎的機會。二、孕婦避免擦指甲油。三、因為指甲油有揮發溶劑，上指甲油的時候要在通風的環境，以免呼吸道刺激。四、使用深色、紅色等顏色的指甲油，容易使指甲變黃，只要不要再擦，大約會在幾個禮拜後恢復正常。

Q 指甲彩繪聰明做！

A：指甲彩繪不是不能做，但要保護你的玉手和玉指，需多注意一些小地方，就可以同時兼顧美麗和健康喔！

1. 上彩繪之前，一定要先塗上護甲霜或質地厚重一點的護手霜，等待一個小時形成保護之後，再進行彩繪。
2. 在卸除指甲油之後，最好間隔至少一星期再進行下一次的彩繪，讓指甲獲得充分的休息。另外，在使用去光水前，也最好先塗上護甲霜。
3. 到指甲美容沙龍進行彩繪時，要注意所使用的器材是否清潔，最好的方法是自行攜帶，不然的話也要提醒美甲師，在幫你彩繪之前，必須確保器材都已用酒精消毒妥當。

3、手部spa保養

每天，我們都在頻繁地使用我們的雙手，在結束一天的工作之後，給手部來個spa保養，可以讓它保持最佳狀態，永遠和你的臉部一樣年輕！（做法請參考116頁）

Q 做手部spa時可以用指甲剪直接剪掉指緣硬皮嗎？

A：最好避免這麼做，因為這樣做反而會讓硬皮愈長愈厚，而且一不小心剪過頭，有可能出現傷口，造成發炎、感染的問題，讓指緣的皮膚變得更加粗糙。

如果真的很煩惱指緣的硬皮，除了像下述的方式幫手部做spa之外，也可以搭配使用含水楊酸等成分的保養品，幫助軟化角質。

4、足部spa保養

我們每天都必須走路，而且有可能走很多的路，這對雙腳來說都是很大的壓力，尤其女性如果因為場合需要必須穿高跟鞋、尖頭鞋等讓足部產生更大壓力，久而久之，足部的肌膚也會受到影響，必須更加小心呵護才行。每天花一點時間幫寶貝的雙腳做spa保養，不但保養到皮膚，也同時紓解了足部承受的重大壓力。（做法請參考117頁）

Q 腳部也需要擦防曬乳嗎？

A：身上的肌膚，不管是手或腳，都要跟臉部一樣做好防曬。

腳部是最容易忽略掉防曬的地方，可能一個夏天下來，腳背就變得黑黑的，也有可能因為曬傷而讓膚況變差，看起來顯得特別粗糙。也千萬不要忽略掉腳趾、腳跟的地方，如果在外頭活動時間過久，也應該定時補擦。

簡單易學的手部保養課程

手部spa保養

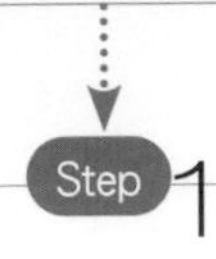

Step 1

先把雙手泡在溫水中約5分鐘（不要用熱水），再以溫和的磨甲器或磨石把硬皮部分磨去，沖掉老廢硬皮後，再擦上護手霜。

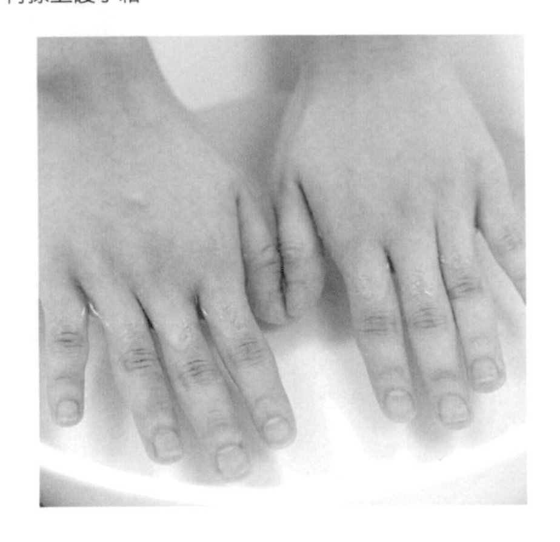

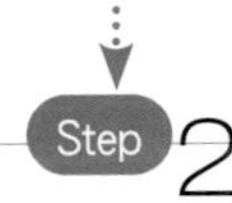

Step 2

待護手霜完全吸收之後，先在手背均勻地塗上一層厚厚的護手霜，然後在指甲邊緣以拇指用畫小圈的方式由根部往指甲處按摩。接著以拇指畫圓的方式按摩手背。

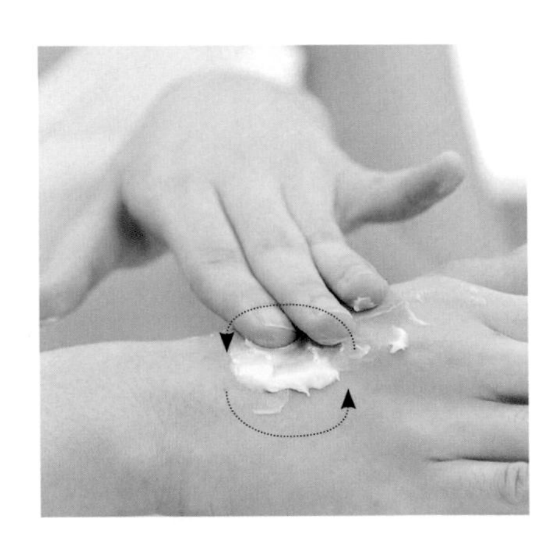

Step 3

再將手翻至掌面，在手掌上均勻地塗上一層厚厚的護手霜，以相同的方式按摩手指，尤其指腹的部分可以多按摩一下。接著按摩手掌部分，一樣以拇指畫圓的方式，均勻的按摩，直到護手霜完全吸收為止。

簡單易學的足部保養課程

足部spa保養

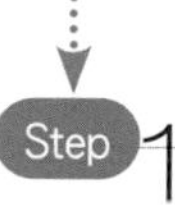

Step 1

先把雙腳泡在溫水中約15分鐘，可以使用純溫水，也可以隨各人喜好加入足部浴液或是浴鹽等。

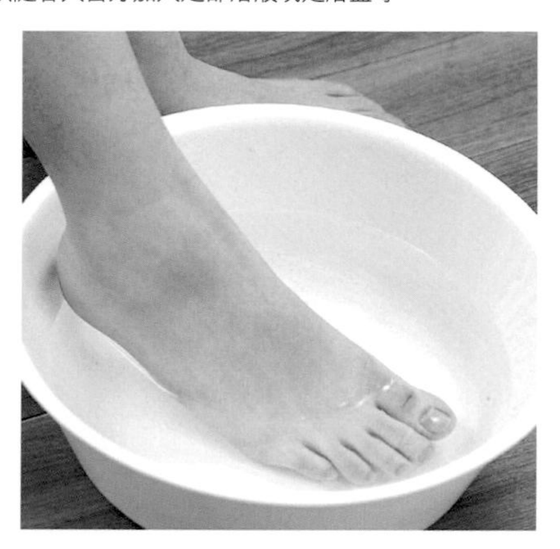

Step 2

可以用細緻的海鹽或足部專用磨砂膏搓一下雙腳，幫助去除軟化後的老廢硬皮。

硬皮嚴重的部位，可以用磨皮刀或磨石輕輕推掉，但切記動作不能過於用力，以免傷及肌膚。

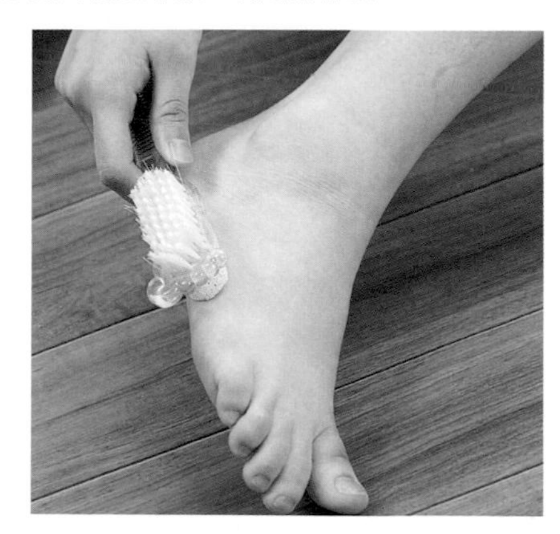

Step 3

先在腳背均勻地塗上一層厚厚的乳液，以畫圓的方式按摩，整個腳踝、腳背及腳趾都要按摩到。

接著在腳底均勻地塗上一層厚厚的乳液，先按摩腳心至腳趾的部分，再按摩腳跟的部分。

腳跟的部分通常硬皮較厚，肌膚較粗糙，可以待乳液全部吸收後再擦上一層，稍作按摩，以保鮮膜裹敷約10分鐘後再拿下來；冬天則可套上襪套，幫助乳液吸收。

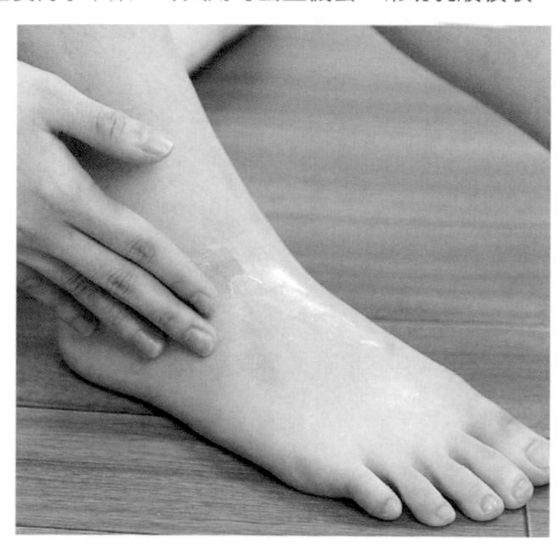

Lesson 3

別讓身體的斑壞了你的美

多曬一下太陽，黑色素可是會累積的喲！防曬永遠不嫌晚，想要美美可得勤奮防曬。

案例：怎麼手、腳也會長斑？

「李醫師，我一直覺得我的皮膚不錯耶！怎麼最近突然手啊腳啊，統統長斑了啊？」

吳媽媽今年剛過半百，看上去也如其年紀，但感覺非常有活力，她說，因為更年期的一些小毛病讓她非常困擾，才掛了婦產科門診後，沒想到身上的斑點長出來，又添了她一件煩事，急急忙忙的來找我看她的皮膚。

吳媽媽這樣的例子很多，以為自己不長斑，很可能只是時候未到而已。身上的斑點，除了因為年紀愈來愈大產生的「老人斑」之外，「曬斑」是最常見的。年輕的時候身體機能好，代謝快，你可能覺得多曬一下太陽不要緊，但這些黑色素可是會累積的喲！通常好發的年齡大概就是像吳媽媽這樣的年紀，五十歲上下，發現突然長出討厭的斑點。

一問之下，我才知道吳媽媽在生完第一個孩子後，因為家裡經營小吃攤，從中午前就一直擺到晚上，那時候的人每天都很忙碌，又要做生意，又要帶小孩，準備工作都來不及了，怎麼可能有時間擦防曬乳，更不要說每幾個小時補擦一次了！所以長年曬下來，黑色素一點一點的累積，到了這個年紀，斑點就開始冒出來了。

我除了給吳媽媽處方和治療建議外，也告訴她防曬的重要性。因為防曬除了預防斑點的產生，也預防讓現有的斑點繼續惡化，真的非常重要！

小心！身體也會長斑

❶深色的斑

身體的斑點和臉上的斑點的不同，常常是身體斑點顏色較深，偏深咖啡色，這和個人體質以及日曬有直接密切的關係，所以必須要從年輕的時候就注意防曬，否則到了中老年之後就會因為累積而突然長出一些斑點來。

而且身上的斑點不同於臉部的斑點，它不止比臉部的顏色深一點，也會厚一點，不管你用什麼淡斑、美白的保養品，通常效果都不好，所以最好的解決方式還是必須仰賴醫學美容技術。所以，別浪費你的美白保養品！擦在臉上效果還比較好喔！

❷白色的斑

身上會發現的白色斑點，最常見的是因為老化而出現在小腿、前臂的小白點，多為紅豆大小，稱之為「特化性滴狀黑色素減少症」，這和長年陽光曝曬有關，沒有特別好的治療方法，只能盡量少曬太陽避免惡化。

另一種是「白斑」，白斑是一種黑色素細胞消失的病症，它可能出現在全身上下，包括臉部也會長，它的特色就是形狀不規則的乳白斑塊。白斑可以是局部的，也可能全身發生，因為影響到外貌常造成社交上的困擾。

為什麼會長白斑呢？目前醫學上的理論有很多，大部分是因為黑色素細胞受到傷害，然而像是全身型白斑的患者，通常伴隨自體免疫的疾病，所以一般會建議找皮膚科醫師先做抽血檢查，看看是否與甲狀腺、糖尿病有關。

白斑是可以治療的，包括外用藥品、口服維他命、照光、黑色素細胞移植等，但是治療的成效因人而異。白斑也可以靠化妝來遮蓋，像是市面上就有很多防水的化妝品，可以遮掉白斑膚色不均勻的部分，我會建議白斑患者用深一點的粉底去遮蓋，目前也有醫療彩妝設計遮蓋性好的粉底膏來幫助這類病人。

Q 身上長的斑點若是白斑，就不需要防曬了嗎？

A：這個觀念大錯特錯！

白斑因為缺乏黑色素保護，會更容易曬傷，所以如果長白斑的話，一定要做好防曬，不只是出門要擦防曬乳（至少SPF以上），也最好有衣物、陽傘、太陽眼鏡的物理性保護。

除斑美肌療程

身體的斑斑點點和臉部的不一樣，想要解決的話，透過醫學美容療程最有效，其中以雷射和脈衝光的治療為主流，但要有心理準備的是，因為身體的斑點較厚，皮膚組織也不同於臉部，相對術後的恢復期也較長。

你可能會發現，打掉臉上的斑點，怎麼一個禮拜就恢復了，但手、腳的斑點卻要兩到三個禮拜，而且做完後因為它的代謝較慢，色素沈澱的機會也較大，更需要嚴加防曬，有時候醫生也會建議搭配美白的藥物，防止返黑的情況出現。

1、雷射除斑

以雷射除斑的方式治療斑點，也會因為斑點的類型不同，效果有所不同。不同於臉部的手、腳斑點，它的治療效果雖佳，但術後需要照顧的時間較長，返黑的機會也大，術後必須做到徹底的防曬才能避免返黑的問題。

2、脈衝光

以脈衝光來除斑的好處，就是它疼痛感較低，即使術後有紅腫現象，也會很快消退，幾乎不影響上班。不過脈衝光比較適合治療沒有厚度、平的曬斑，多做幾次之後，不只斑點淡化了，連皮膚也會光滑。但對於有點厚度的斑點，脈衝光就不夠力，還是要用雷射才能處理。

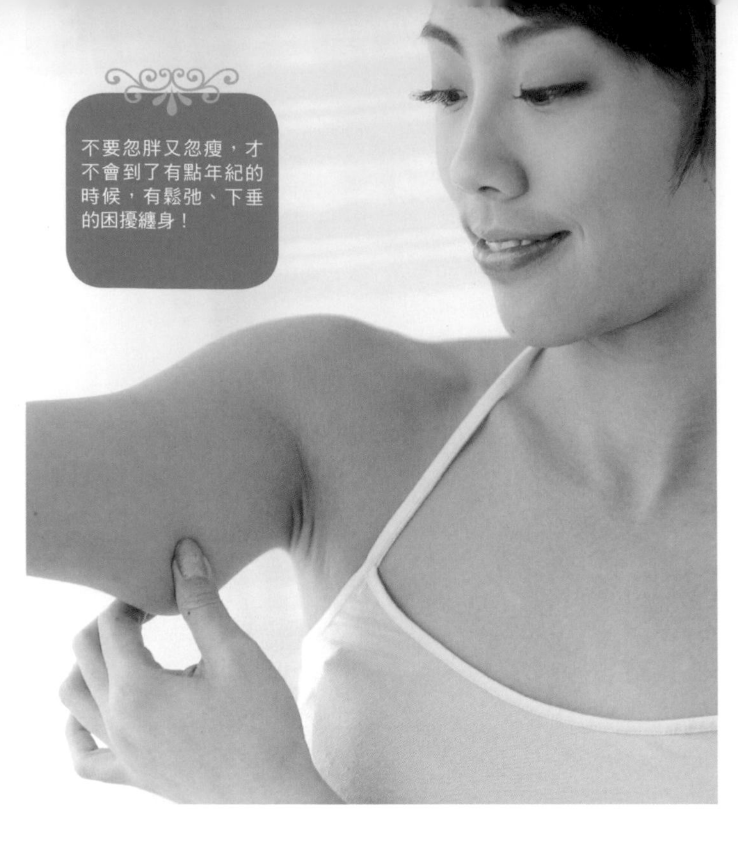

lesson 4

掰掰！擺擺肉、蝴蝶袖！

「掰掰！擺擺肉！」廣告上面簡單的五個字，道出了許多現代人的困擾。到底什麼是「擺擺肉」呢？蝴蝶袖就是典型的一種，用手去撥動它，甚至隨著車子行動，鬆垮的贅肉就會跟著擺動起來，肥胖的人大多數都有這樣的問題，可是啊，就算是不怎麼胖的人，也可能因為老化而開始出現這樣的問題。

案例：我的蝴蝶袖，怎麼鬆成這樣！

「李醫師，我一年四季都不敢穿短袖的衣服出門耶！妳看我的蝴蝶袖，鬆成這樣，到底有什麼方法可以治啊？」美玲說她前兩年胖了起來，一度因為工作壓力太大，胖了十多公斤，後來意識到問題的嚴重性，很有毅力地減了幾公斤下來，雖然身材恢復了一些，卻發現手臂上鬆垮的蝴蝶袖無情的留了下來，每天都拿小滾輪按摩工具推啊推的，怎麼樣都消不了。

我看了美玲的資料，四十多歲的年紀，其實不只是從胖到瘦的差異讓蝴蝶袖跑出來，隨著年紀的增長，老化現象也開始出現。一問之下，才知道美玲因為工作實在太忙了，又要照顧家庭，幾乎都沒有時間運動，久而久之，肌肉就會愈來愈沒有彈性，手臂還只是看得見的地方，就像是肚皮、臀部都開始有鬆弛的跡象，只是衣服遮住看不見，還不那麼困擾。

身體和臉部一樣，都會有鬆弛的現象，而且身體的鬆弛往往都是大面積，要去改善它反而比較費力，如果從年輕的時候就能做好預防，持續運動、不要忽胖忽瘦……才不會到了有點年紀時，鬆弛、下垂的困擾纏身！

身體肌膚鬆弛的原因

除了臉部之外，身體有很多部位也會產生鬆弛現象，讓人顯得老態，感覺年紀怎麼樣都藏不了，像是手臂的蝴蝶袖、胸部和臀部這三個部位，因為相對面積大，一旦產生鬆弛、下垂的現象，就會整塊垂下，不但顯老，也會感覺身材比較胖。造成身體鬆弛的原因其實不多，首先就是肥胖，如果身上的肉多到某種程度的話，就會有鬆弛、下垂的問題產生，即使你的年紀很輕，還是讓人有鬆垮的感覺。

另外就是老化，老化會讓身上的肌肉、皮膚變得沒有彈性，所以我們會發現年紀很大的老人家，即使身材瘦瘦的，身上的肉卻是愈來愈鬆垮，這是很自然的現象。再來就是現代人普遍的毛病即是缺乏運動，因為肌肉如果缺乏運動，脂肪相對會增加，而體脂肪愈高，看起來就會胖胖的，鬆弛的機率就更高了。

緊實肌膚的簡單方法

1、運動是美女的標準配備

要讓身體的皮膚看起來緊實、身材結實，

沒有別的方法，運動就是最簡單的管道，因為運動可以減少身體的體脂肪，這也是為什麼沒有運動習慣的人，身上的肉看起來都較鬆垮，也就顯得比較老態。所以想要有緊實漂亮的身體線條，很簡單，在日常生活中做好你的運動，再搭配洗澡過後的按摩，雙管齊下，久了自然能看到效果。

❶ OL簡單做，就變美

既然是上班族，那表示你白天時間起來走動的機會可能很少，如果想要用簡單的方法改善身體的鬆弛，可以這樣做：

・**製造機會多走動**——對於運動都嫌麻煩的人來說，最簡單的方法就是製造走動的機會。像是常常起身去倒水，同時可以多喝水外加多走動，或是多走幾步階梯去買午餐、辦事情，上班或下班搭車時選擇早一站下車，再走路等等，都是不錯的方法。

・**多喝水**——多喝水雖然不會對皮膚直接造成什麼良好的作用，但對於身體的鬆弛是起因於水腫的人來說，多喝水可以促進身體的代謝循環，改善水腫的狀況，所以上班沒事的時候多喝水，一天至少喝1500c.c.，也是簡單好做的方法。

・**縮腹夾臀運動**——針對兩大長時間坐辦公室最吃虧的部位，腹部及臀部，要對付鬆弛，可以利用坐著的時候三不五時縮腹、夾臀，訓練一下肌肉，多少也可以改善鬆垮、下垂的曲線。

・**局部塑身運動**——如以下三頁的示範動作。

對付蝴蝶袖——第一式

Step 1

上半身挺直，雙手同時握住輕磅的啞鈴或是裝滿水的小罐寶特瓶，先向上舉。

Step 2

再屈肘往後，來回做10次。

對付鬆弛肉肉的運動

對付蝴蝶袖——第二式

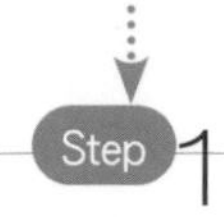

將上半身往下壓做伏地挺身。

Step 2

來回約5-8次。

對付鬆弛肉肉的運動

臀部運動

Step 1

椅子放在身體側邊，單手扶住椅背，另一隻手插腰。

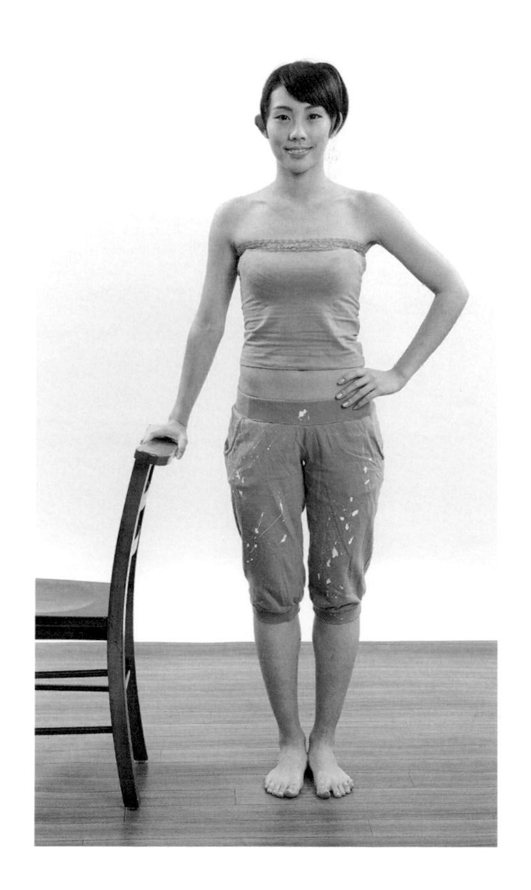

Step 2

外側腳往旁邊上抬，停在空中約10秒後再收回來，來回做10次再換另一隻腳，一樣來回做10次。

2、身體按摩讓肌膚更光滑

還有一個不錯的解決方式，就是持之以恆的按摩。也許你會常看到市面上販售的瘦身按摩霜林林總總，也常誇大它的效果，這些產品是有一點點的效果沒有錯，但最重要的就是要配合按摩，促進皮膚的微循環。

❶塑身按摩霜來幫忙

大部分強調能塑身的按摩霜，會添加像咖啡因、辣椒等成分來促進微循環，擦上去的時候會熱熱的。然後你問按摩霜是不是有效果，是絕對有效的，但不全然來自於產品本身，最重要的反而是搭配按摩，使得身體的肌膚有更好的循環作用。買回來的按摩霜，上面的商品說明，多半會建議你要搭配按摩，就是強調按摩的重要性；如果只想依賴產品本身，隨便擦一下就想緊實肌膚，反而是一件不可能的任務。按摩本身可以促進循環，也必須持之以恆的進行，時間久了才能看到效果。

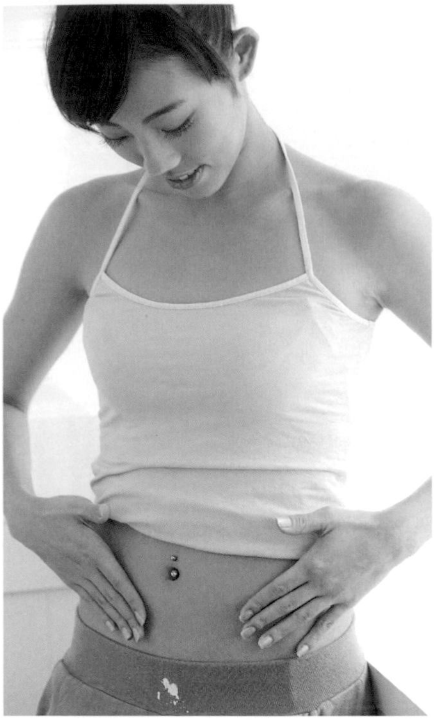

❷塑身按摩霜到底該怎麼用？

一般的塑身按摩霜，除了搭配按摩使用才會有效之外，用的時間點和方式也都有學問。

- 使用的時間——以日常保養來說，最好一洗完澡就塗抹，因為此時是肌膚最易吸收保養品的時候，如果還需要搭配使用身體乳液，應該先擦完緊實霜，然後再擦上身體乳液。
- 使用的方法——單純塗擦緊實霜無法達到良好效果，要配合按摩才能讓效果加倍。正確按摩方法是從腳底開始往上按摩，一小區一小區進行，這樣做有利於保養品吸收，對久坐辦公室的上班族來說，有放鬆、舒緩的效果。

3、醫學美容療程效果明顯

要打擊身體鬆弛、下垂的部位，最常用的治療方式就是電波拉皮了！電波拉皮不是只能用在臉部，因為它有刺激肌膚緊實的作用，所以針對皮膚鬆鬆的身體部位，也能達到效果。

但如果是鬆弛情況異常嚴重的話，那電波拉皮的效果就很低，有些醫師會以外科手術將多餘的皮膚切除掉，然後再進行縫合，像是蝴蝶袖、產後鬆垮的小腹等，的確會立刻縮小一圈，因為會留下疤痕，所以若是選擇這樣的手術，在術前可要做好足夠的考量。

❶電波拉皮

電波拉皮最蔚為稱道的，就是它毫無術後復原問題，進行完之後，可以輕鬆回到公司上班，或是逛街玩樂去，而且它不只能作用於臉部肌膚，連令人困擾的身體鬆弛、下垂問題，都能改善。電波拉皮利用獨特的技術，可以安全的加熱真皮層深層，甚至是皮下組織的膠原蛋白纖維網，藉此產生皮膚立即緊緻的效果，與長時間的刺激大量膠原蛋白增生，可以徹底緊緻肌膚、改善鬆弛狀況。電波拉皮可以作用於身體任何一個地方，包括嬰兒肥、蝴蝶袖、大象腿、腹部等。以往傳統的探頭只有1平方公分，一次療程只能做到150平方公分，現在新一代的探頭大約3平方公分，一次可以做到900平方公分，等於6倍的面積，所以做於身體部位輕而易舉。而且新式的探頭也將電波的能量減低，能減少患者的疼痛感。

Q 很胖的話可以靠醫學美容療程來解決鬆弛嗎？

A：電波拉皮最有效的是針對那種非常鬆弛且沒有包裹太多脂肪，像是產後肚子皮膚鬆弛，做電波拉皮就有不錯效果。如果你肥胖的原因是因為肉太多，不是局部性的問題，最好還是先減肥，減到標準身材的程度，再針對鬆垮的皮膚來做電波拉皮或腹部手術拉皮，才比較有效。

Lesson 5

預防、改善下肢靜脈曲張

適度的運動很重要，因為腳部肌肉張力夠的話，才能形成一個有力的幫浦，幫助血液打回去，減少靜脈曲張的發生。

案例：為何腳會冒出蚯蚓般的記號！

盧小姐，雖已到中年，但身材均勻，來到我門診的那天，她穿了一件長褲遮蓋住靜脈曲張的部分，結果一翻起來給我看，兩條腿冒著蚯蚓般的浮凸血管，一問之下才知道盧小姐生過三個小孩，雖然產後身材恢復得快，可惜卻留下腳上的靜脈曲張。

還有，曾經八十幾公斤的吳小姐，在最胖的時候因為腳部必須承受身體極大的壓力，久了就產生靜脈曲張，現在瘦了十多公斤下來，靜脈曲張的問題也稍微有改善，但還是蠻嚴重的，我給她的建議就是先減肥，倒不急著去治療靜脈曲張，因為很多人在瘦下來之後靜脈曲張的狀況就會好很多，只要穿彈性襪控制。

像靜脈曲張這樣的問題，有時發生於懷孕或發胖的時候，問題輕微的話，透過日常的保健就可以達到改善，如果嚴重的話，需要動到手術，不過現在醫學非常的進步，透過雷射手術也能治療靜脈曲張，可以不需要動到刀呢！

下肢靜脈曲張的原因

任何種族，性別都可能產生靜脈曲張，但是哪些人容易有下肢靜脈曲張呢？這些高危險群包括：必須長期站立工作的人員（如：老師、專櫃小姐、空姐等）、女性、懷孕、肥胖、年紀增加、具有靜脈曲張的家族史。

一般我們最熟知的原因就是懷孕，懷孕的人容易下肢靜脈曲張，是因為胎兒會壓迫到大靜脈，使得血液循環變差，就會造成靜脈曲張；肥胖也容易造成靜脈曲張，因為體重讓雙腳的壓力變大，血液不易回流所致；而有下肢靜脈曲張家族史的人，也較容易有這個毛病，比方媽媽有這樣的問題的話，女兒得到的機會就比較高。

另外，不只長期站立，就連長期坐著的人也容易得到下肢靜脈曲張，因為這些維持固定姿勢太久的人，都很容易壓迫到靜脈血管，導致血液不容易回流，這也是為什麼靜脈曲張常好發於某些職業，像是老師、空姊、做辦公室的內勤人員等。

預防靜脈曲張的方法

要預防下肢靜脈曲張，那要看是什麼原因容易造成這樣的狀況。以懷孕來說，生產愈多胎的婦女就愈容易有下肢靜脈曲張的問題，當然，生幾胎有時候並不是我們所能控制，但要預防的話至少可以控制自己在懷孕期間體重不要增加太快、太多。

還有就是，不要長時間站著或坐著也很重要，非不得已的話，也建議穿彈性襪預防靜脈曲張的發生。在睡覺的時候，可以把腳墊高，大約兩個枕頭的高度，必須高過心臟，這樣做可以促進下肢血液回流。

適度的運動也很重要，因為腳部肌肉張力夠的話，才能形成一個有力的幫浦，幫助血液打回去，這也是為什麼有運動習慣的人，通常不會有太嚴重的靜脈曲張問題的原因。

Q 靜脈曲張會產生什麼病徵？

A：靜脈曲張可以從很輕微到很嚴重。初期可能只有感覺腿部易有疲倦感、酸痛、水腫。漸漸血管病變擴大，出現脹、硬、酸、麻、痛等症狀。

如果放任不預防或治療，可能因血管浮出變彎曲，導致循環不良，而造成皮膚濕疹、皮膚變色，甚至潰瘍破皮難以癒合。

改善靜脈曲張從生活做起

1、注意日常保健

如果靜脈曲張的程度較輕微，屬於初期的那種，那麼透過日常生活的保健，就可以改善許多，並不需要非得動到手術。

想改善不嚴重的靜脈曲張，可以這麼做：

・**運動**——運動很重要，尤其是下肢的運動，可以透過訓練肌肉來保護你的血管，像是健走就是靜脈曲張患者非常不錯的運動，能夠啟動小腿肌肉群，促進靜脈血液回流。

・**減重**——身體一旦因為肥胖而負擔大，兩腳的承受力也會變得更大，把體重控制在標準的範圍，就能減輕下肢的壓力，進而改善靜脈曲張。

・**穿彈性襪保護**——彈性襪不止可以預防靜脈曲張產生，對於程度不嚴重的靜脈曲張，也有阻止惡化的功效。彈性襪可以在每天起床下床前就先穿上，才能確保在一天開始行走的時候，達到良好的保護作用。

・避免一直持續固定姿勢——不管是久站、久坐還是維持同一姿勢太久，都應該定時起來動一動，改變一下姿勢。如果常常一工作就忘了動，最好的方式就是用鬧鈴定時做提醒，時間一到就小幅運動一下。

・保持正確坐姿——坐著的時候不翹腿，因為如此一來會阻礙血液循環，加重靜脈曲張的惡化。

・抬高下肢——在睡覺的時候將兩腳抬高高過心臟，也可以趁著睡前先抬一下腳，踩住牆壁一段時間，促進腿部血液回流。

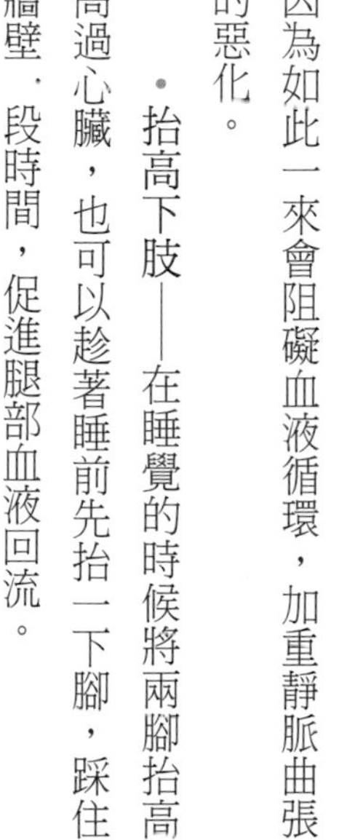

Q 彈性襪該怎麼挑選呢？

A：一般市面上很多標榜「彈性襪」的襪子，像是販賣絲襪的專賣店，但其實對於有靜脈曲張的人來說，這種襪子的保護作用都不夠。

好的彈性襪磅數要夠，真正有醫療效果的彈性襪應該具有漸進式壓力及衛生署國家認證，來路不明的彈性襪有可能造成皮膚潰瘍，選購的時候最好注意一下，還有選購的地方最好也以專門的醫療器材行為主。

很多人也會問，彈性襪該怎麼穿，我建議在穿彈性襪的時候，可以將襪子邊緣部分先反折，然後再開始穿，這樣脫下的時候，只要從上往下輕輕脫就可以了。正確的穿法可以讓壓力分佈正確，才能發揮它的功能。

簡單易學的運動

靜脈曲張伸展操——第一式

Step 1

找一張高腳椅，將左腳平放在椅子，腳尖朝上。

Step 2

彎腰用右手觸碰左腳腳趾，伸直不彎曲維持5至10秒，換邊再做，重複10次。

簡單易學的運動

靜脈曲張伸展操——第二式

Step 1

找一面牆，右手輕扶牆壁。

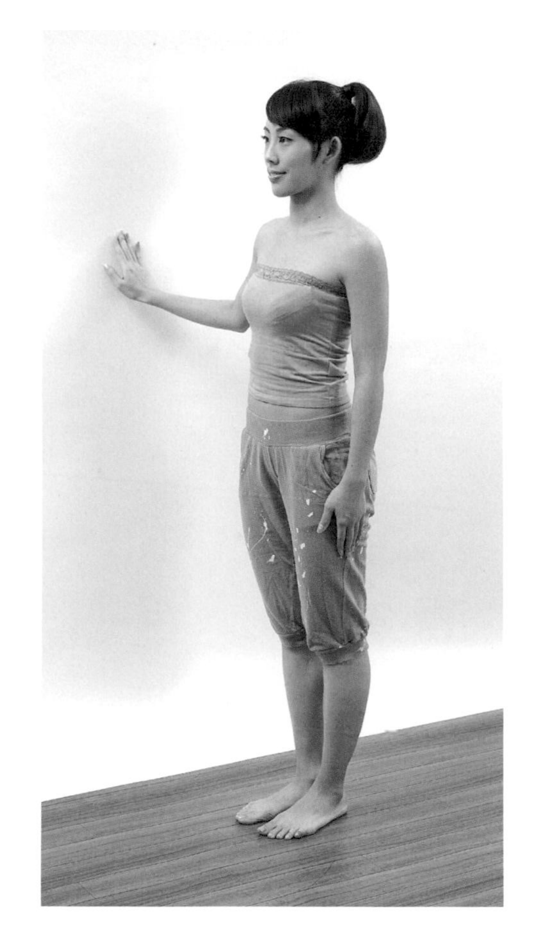

Step 2

左手抓住左腳尖，身體盡量與腿垂直，維持5至10秒，換邊再做，重複10次。

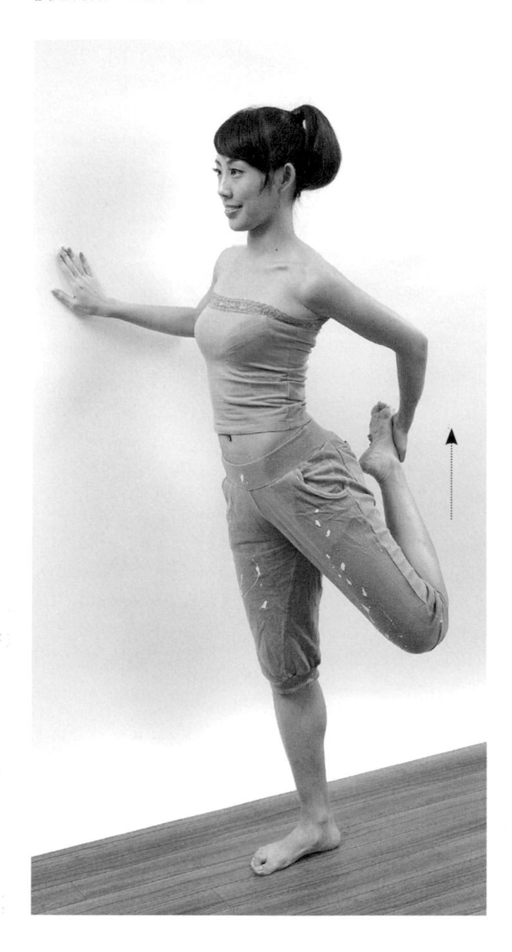

簡單易學的運動

靜脈曲張伸展操——第三式

Step 1

將左右腳交叉站立，腳底平貼於地板上。

Step 2

慢慢彎下腰，試著讓雙手接近並碰觸到腳踝，維持5至10秒後再起身，重複10次。

簡單易學的運動

靜脈曲張伸展操——第四式

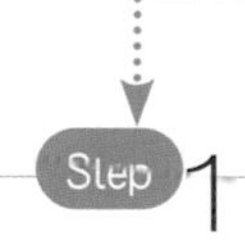

Step 1

躺在床上或瑜伽墊上。

Step 2

將雙腿舉起平貼於牆壁上，停留約10分鐘，幫助血液回流。

簡單易學的運動

靜脈曲張伸展操——第五式

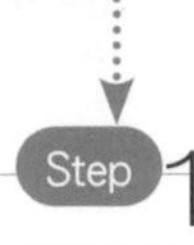

Step 1

側躺下來。

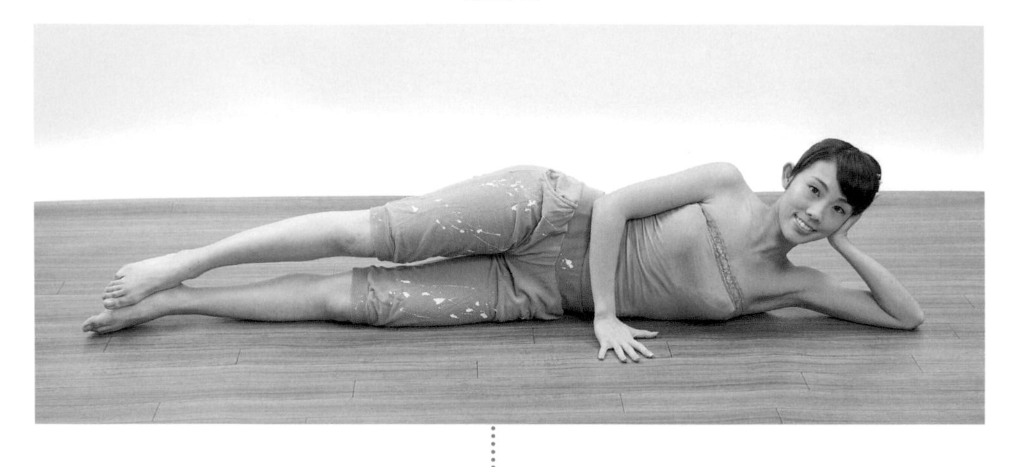

Step 2

將右腿向上抬起與身體呈90度，慢慢拉筋，再慢慢回到原來的位置，重複10次後再換左腿做，一樣重複10次。

簡單易學的運動

靜脈曲張伸展操——第六式

Step 1

坐在床上或瑜伽墊上，身體打直，左腿屈膝，右腿向後延伸，伸展你的腿部肌肉。

Step 2

接著將右小腿向上抬起，右手扶著右腳踝，重複10次後再換左腿做，一樣重複10次。

2、傳統手術&微侵入療程

如果你的靜脈曲張已經出現腳踝皮膚變色、破皮、潰瘍或是腿痠痛等不舒服現象，那可能單靠日常保健還不夠，必須考慮進一步的積極治療。

在以前，靜脈曲張的傳統手術會將血管直接抽出，患者必須住院幾天，但是現在，透過雷射手術的治療，不管是靜脈外或是靜脈內的雷射，都更加方便，傷口小、復原快，也不影響上班。不過，每一種治療方式還要看你靜脈曲張的嚴重程度和類型，在進行前不妨和你的醫師多做討論。皮膚科、心臟外科、整型外科、一般外科都有醫師在做這方面的治療。而長庚皮膚科楊志勛主任，就是這方面的專家。

❶硬化劑注射

所謂的硬化劑注射，就是將硬化劑注射到曲張的靜脈內，造成血管內膜無菌性的發炎破壞。進而使被注射的血管萎縮，而達到治療的效果。它適合輕度和中度型的靜脈曲張，每次療程約需要30分鐘左右，醫師必須根據血管分佈的範圍及大小，可能需要一次以上的治療。

❷皮膚表面雷射治療

皮膚表面的雷射治療，可利用1064nm Nd-YAG（釹雅各）雷射所釋放出的光束，照射皮膚淺表靜脈，將曲張的靜脈血管封住，使血管萎縮。它適合輕度型的靜脈曲張，每次療程需要一小時到一個半小時不等，也需要多次的治療才能完成整個手術。某些高階脈衝光機器也可以治療靜脈曲張。

❸血管內雷射治療

血管內的雷射治療，是將一根細長的雷射纖維，經過皮膚刺入有病變的靜脈中。醫師在超音波引導下找到患處，再用雷射光束燒灼，以阻斷曲張的靜脈血管。它適合中度及重度型的靜脈曲張，每次療程約需要一個半小時，只需要一次就能完成手術，不過要注意的是，不是每個人都適合這樣的療程，像是靜脈曲張的血管太彎，冠心症、凝血功能異常、無法行走的患者等就不適合。

❹靜脈結紮手術

靜脈結紮手術就是將受損大小隱靜脈接近深部靜脈處予以結紮。目的在阻斷靜脈血液自深部靜脈逆流回大小隱靜脈，再利用器械將受損大小隱靜脈抽離。它適合程度嚴重的靜脈曲張，手術時需要半身或全身麻醉，一次完成，但需要耗費時間，約半天。患者在術後必須住院3到5天休養，大約1到3周才能完全恢復。

❺外科抽除手術

傳統的外科抽除手術，就是在腹股溝做切口，切斷結紮或抽出大隱靜脈，假如靜脈曲張彎曲得太厲害，就必須做好幾個切口，將曲張的靜脈一段段抽除。這也是適合重度型的靜脈曲張患者，手術時需要半身或全身麻醉，一次完成，但需要耗費時間，約半天。患者在術後同樣必須住院3到5天休養，大約1到3周才能完全恢復。

舒服穿彈性襪的小密訣

很多人因為彈性襪穿起來勒住肚皮而不願意好好穿著，其實穿彈性襪就像穿塑身衣一樣，養成好習慣之後，你一定會愛上它。

現在我發現了一種讓它舒服穿得好的方法，只要將彈性襪的褲頭鬆緊帶抽掉（用剪刀在褲頭鬆緊帶剪一個小缺口，再慢慢把細細的鬆緊帶抽掉），你就會發現腰部的束縛少了，而腿部的彈性依舊，不妨試試看！

無齡美人の
4堂課

想擁有年輕美肌不只要注重從頭到腳的保養，還包括由內而外的飲食作息、健康的生活形態、以及持久有恆的運動習慣。在這個章節裡，會逐一跟大家分享這些年輕十歲的美肌對策，也請各位保持一顆樂觀開朗的心，凡事正面思考，即使你現在才準備開始變年輕變美麗，永遠都不遲！

想要當白雪公主的你，防曬時間一到就千萬不要偷懶趕緊補擦，別讓紫外線有機可趁。

lesson 1

防曬，預防皮膚老化的第一步

外在皮膚的老化有九成是因為陽光造成的，為了讓美麗贏在起跑點，便是從小做好防曬。看一下你的胸口皮膚是不是比起手臂的皮膚漂亮呢？這便是因為日曬少，皮膚老化少的緣故。

認識紫外線

到達地表的陽光中的紫外線，可分成紫外線A光和紫外線B光。

B光波長較短（290—320nm），佔所有紫外線含量的1.1％，只穿透到表皮層，短期曝曬會引起曬紅、曬傷，長期曝曬會造成角質層增厚、色素增加。

A光波長較長（320—400nm），強度雖較

B光弱，卻佔了紫外線含量近99％，穿透性也強，可穿透雲層、玻璃而進入室內，也能穿透表皮、真皮，導致皮膚老化和斑點形成。防曬時要考量到阻斷紫外線A、B光。

防曬全年無休

防曬工作的第一個要點，就是要全年無休，不分晴雨不分季節。以季節來看，夏天的紫外線量最多，甚至高出2到3倍，所以不難意識到防曬的需要，但並不代表其它季節就沒有紫外線，所以秋冬也要留意防曬；也不要以為陰天看不到太陽所以沒有紫外線，其實紫外線A光也會穿透雲層到地表，若沒做好防曬，你也可能在陰天曬黑；若以時間來看，則以上午10點到下午2點的紫外線最強，這段時間最好減少外出。

選擇防曬乳液

挑選合適的防曬乳液，最重要的是學會看防曬係數SPF和PA值（或PPD）的標示。

SPF是代表這支防曬產品對紫外線B光的防護能力。例如：原本5分鐘會曬紅的人，使用SPF 15的防曬品，可以使皮膚被曬紅的時間延長15倍，所以是5乘15等於75分鐘。

SPF 15的產品可以隔絕93％的紫外線B光，還有7％的紫外線B光會照射到皮膚，而SPF 30的產品可以阻隔97％的紫外線B光，還有3％的紫外線B光會照射到皮膚，以阻隔的防護力來看，93％比97％，並沒有大幅增加兩倍，可是以皮膚接受到的紫外線B光的照射量來說，從7％減少到3％，的確是減少了一半。一般而言，應付日常生活的防曬乳液，只要使用SPF 15的防曬乳液就可以了。若是長時間曝露於日光下，或者是在海邊、河邊、高山、沙灘等地活動，就必須選擇更高係數的防曬產品。

但是如果只注意到防護紫外線B光的SPF值，而沒有注意到防護紫外線A光的數值，那你挑的防曬乳液恐怕還是不及格，因為紫外線

A光是造成皮膚變黑長斑和老化的主要元凶。對於紫外線A光的防曬係數，各國並不是那麼一致，歐美日都有不同的標示方法。以日本商品來說，會以PA來表示，美國商品是以Broad-Spectrum或UVA/UVB來表示，歐系商品則會以PPD來表示。

選擇防曬乳液的時候，一定要同時留意SPF和PA值（或PPD值），才能同時兼顧紫外線A光和B光的防護。SPF至少要15，PA的話要選擇PA＋＋＋，如果是PPD，應該選擇PPD 10以上的商品。至於美系的商品，因為只標示Broad-Spectrum或UVA/UVB，並沒有再分級，則建議使用SPF30以上並標示有Broad-Spectrum或UVA/UVB的防曬乳液。此外，若從事水上活動，還要選擇具防水功能之防曬品。

為了避免化妝品廠商胡亂加高SPF值，歐盟已經統一標示方式，SPF最高只能標示50，超過的也只能標示SPF 50＋，台灣也已經跟進。另外歐洲對於紫外線A的防護力也有了新算法，只要SPF值除以PPD值的數字小於或等於3就表示該產品具有足夠紫外線A光防護的能力，舉例來說，一款SPF50/PPD30的產品，50除以30小於3就表示紫外線A光防護力夠高。

防曬乳正確使用方式

1、擦得太少，效果不佳

常有朋友問我：「防曬乳是不是要擦得很厚才有效？」的確，國外實驗結果指出，肌膚每平方公分塗到2毫克防曬乳液才有效果；以一般人的臉大小而言，至少要用到0.6公克以上的防曬乳份量，大約10元硬幣大小，而標準身材的美女全身平均的使用量是一個小酒杯（約30公克），擦得太薄，效果肯定大打折扣。

2、出門前三十分鐘就要擦好

要讓防曬產品發揮功效，在出門前的30分鐘就要擦上，因為要等到化學性防曬劑發揮作用需要一段時間，可別一擦完就往外衝，甚至許多人喜歡將防曬產品帶在上班途中擦，不僅

擦上防曬乳時，不要推得太用力，太用力會讓防曬乳被推薄，效果會降低25%以上，所以只要輕輕地把防曬乳抹開推勻即可。在戶外，每兩小時要補擦一次防曬乳，搭配帽子和長袖，才能達到最好的防護效果。

從你家到上車這段時間你已經吸收大量的紫外線以外，等到防曬成分發揮功效時，你也已經到了公司，如此只做心安不徹底的防曬，有等於沒有。

擦防曬乳時，不要推得太用力，太用力會讓防曬被推薄，效果降低25%以上，只要輕輕地把防曬乳抹開推勻即可。擦好了的防曬乳，約可維持2小時，通常算法是將防曬係數乘以10，就是防曬乳維持的時間長度；以SPF 15而言，約可以維持150分鐘不曬傷。

但若在紫外線指數較強的情況下，能維持的時間更短，應選用較高防曬係數的產品，如果是容易曬傷的膚質，更要每小時提早補充防曬乳。所以，想當白雪公主的你，防曬時間快到，就千萬不要偷懶趕緊補擦，別讓紫外線有機可趁。

防曬ABC'S秘訣

美國皮膚科醫學會提出的防曬ABC'S秘訣，可以讓大家簡單記住防曬的重點。

A就是Away遠離，一定要遠離日正當中狠毒的太陽，也請盡量待在樹蔭或涼亭下。

B就是Block阻隔，使用防曬品隔絕紫外線。

C就是Coverup遮蓋，就算塗抹防曬用品，出門時盡量還是要戴上帽子與衣物來遮蓋皮膚。

S是speak out說出去，也就是把防曬的觀念，讓你的朋友你的家人知道，讓大家一起來為皮膚的健康和美麗來努力。

簡單易學的防曬保養

step by step 擦防曬乳的方法

Step 1 大面積先下手──兩頰、額頭與下巴

由臉的中心以橫向方式向兩側塗抹，記得要塗均勻。額頭與下巴這兩個部位也很重要，尤其下巴不可馬虎帶過。

Step 2 加強易曬重點──顴骨與鼻子

顴骨與鼻樑容易曬傷、長斑，要特別再塗一次。

Step 3 勿忘耳朵與脖子

耳後是最容易被忽略的地方，尤其長頭髮的女生，不要遺漏這個部位。由下往上順勢抹勻，再用雙手直接包覆塗抹脖子兩側及後方。手、腳也應一併擦上防曬乳。

做對正確的洗臉方法，會讓你愈洗愈美呢！

Lesson 2

拋開錯誤的保養迷思

接著，讓我們來看一些案例，從這些案例中學習，避免一些錯誤的保養觀念，這樣保養會更省力、更有效。

案例1：痘痘狂長，拚命洗臉？

涂媽媽是我的老病人了，有一個正值青春期的兒子小涂，這個年紀的小孩，不長青春痘是異類，長了青春痘不看醫師是常態，小涂當然也不例外的狂長青春痘，但是因為課業壓力大，自然抽不出時間來看病。涂媽媽為了兒子的面子問題，特別在藥妝店買了男士專用，含有柔珠顆粒的洗面乳，想說只要把臉洗乾淨了，青春痘自然會減少。小涂果然是個聽話的小孩，自從拿到媽媽的愛心洗面乳之後，每天照三餐洗臉，方法是以柔珠顆粒認真地用力去角質，搓出泡沫後再用熱水洗淨，連洗三天之後，臉上開始大脫皮。涂媽媽帶他來時，我看到他真的嚇了一跳，還以為他擦了什麼東西過敏呢！一問之下才知道，小涂的洗臉過程，錯誤連連。

迷思1 臉洗得愈乾淨愈好？

大家都聽過：「保養的第一個步驟是清潔」，所以許多人就好像是被下了魔咒一樣，對於「清潔」過度的重視，以為只有徹底清潔才會有好皮膚，尤其是容易長青春痘的年輕人，因此像小涂這樣的病人或者是像涂媽媽這樣的幫兇，一直在門診上演。

其實洗臉雖然是保養的第一課，但是只要及格就好，也就是說洗臉只要洗乾淨就可以，可不是越乾淨越好，如果洗到脫皮，那還不如不洗。你想，男性專用的超強洗淨力的洗面乳，再加上磨砂顆粒和熱水，外帶照三餐洗，不大脫皮才怪呢！

洗完臉後不應該有緊繃的感覺，如果有緊繃的感覺感，表示你的洗面乳洗淨能力太強勁了，不適合你的皮膚，應該要更換洗面乳；也可能是因為你洗得太認真太久了，應減少洗臉的次數和時間。

正確的洗臉方法是：只要在出油的地方帶到洗面乳，在30秒內，輕柔快速地用指腹（不要用海綿、刷子、毛巾）來洗臉，最後用冷水撥洗乾淨。記住，不論再怎麼溫和的洗面乳，被你拖泥帶水、加工加熱的洗，要不刺激脫皮也難。關於洗臉，並不是認真洗臉的人最美，反而是愈懶惰的人愈美呢！

迷思2 洗臉一定要用熱水？

有洗碗經驗的人都知道，洗油膩的碗盤時要用熱水，這樣就能輕鬆洗去油份，因為水溫升高的時候，去油力會增加，但是此時清潔成分的刺激性也會增加。所以用熱水清潔會同時洗去天然的皮脂膜，反而使皮膚乾燥不舒服。從上面小涂的大脫皮經驗來看，也應證了熱水對皮膚的傷害。

醫學實驗證實，用同樣的洗淨成分，以4度C的冰水、25度C的冷水、以及40度C的熱水，用同樣的方法來洗臉，結果發現水溫越低對皮膚表皮的傷害越小。所以常用熱水洗臉容易導致皮膚變的敏感。不過，用4度C的冰水洗臉真的太冷了！在夏天，我建議大家直接用水龍頭打開流出來的冷水，這就是合適的水溫。在冬天，因為皮膚的油脂分泌下降，更不適合用熱水洗臉，原則上，還是建議用水龍頭打開流出來的冷水洗，如果寒流來覺得水太冰了，可稍微加少量的熱水，但也要洗起來略有涼意，決不能過熱。

迷思3 要天天去角質，才能代謝老舊角質嗎？

適當的去角質可以讓皮膚立即光滑細緻，也可以加速黑色素的排除，但是過度的去角質，反而造成角質層太薄，角質層太薄代表皮膚的保護障壁能力變差，這樣反而容易讓危險的物質滲入，小涂用了磨砂顆粒，加上男孩子按摩的力道太重，剝了一層皮後，清潔成分又讓他脫了一層皮脂膜，當然刺激大脫皮。

去角質不是不可以，但要去到恰到好處。究竟該多久去一次角質呢？其實沒有一個標準的答案，因為這要看你用什麼產品來去角質，還要看你的膚質和膚況而定。通常最多不能超過一週一次。尤其萬一你的皮膚正在脫皮敏感中，當然就要讓皮膚休息一下，直到恢復正常運作，以免過度去角質，反而再度使皮膚受傷。去完角質之後，也要避免使用酸性和刺激成分（如：果酸、A醇、左旋維他命C、酒精等），否則一不小心就可能傷了皮膚紅了臉，弄巧成拙得不償失。

案例2：哇！敷完面膜臉紅通通！

平常十分重視保養的小美，即將要步入禮堂，在拍婚紗照的前夕，為了讓自己更上鏡頭更有魅力，她決定好好替自己的肌膚大掃除並且護膚一番：她先用早已經買來三個月的海泥面膜敷臉，據說這款暢銷的海泥面膜有極佳的代謝能力，乾了之後可以剝除老廢角質，果然洗掉海泥面膜後，有一股好清新的感覺。

小美每週都會敷面膜加強保養，在重要時刻來臨前，當然也要敷上一片專櫃的美白面膜，為了讓美白成分更深入肌膚發揮功效，她決定今天至少要敷上一小時。半小時過去之後，微微刺熱的感覺在小美臉上出現，雖然心中有一點遲疑，不過為了漂亮，她還是勉強敷完一個小時，大功告成後她才安心就寢。

沒想到隔天起床時，敷面膜的地方都出現了紅疹，好像帶了一頂紅面具，這逼的小美不得不來皮膚科報到。看到一張紅臉，我問她：「你發生了什麼事？」她一五一十地描述了自己昨晚的保養方式，還不解地抱怨：「這個牌子的面膜，我已經用過很多次了，怎麼還會過敏呢？」

迷思1 重要時刻前夕，可使用新的保養品嗎？

小美在拍婚紗照前夕，將珍藏三個月的暢銷海泥面膜開封使用，這可能是導致臉部過敏的原因之一。任何從來沒有用過的保養品，無論功能是清潔卸妝、保濕還是美白，都不適合在重要時刻前使用，因為不知道過敏會不會找上你，而毀了你的結婚典禮或同學會。

想要讓自己在重要時刻展現最美的一面，最少應該在一個禮拜前做好護膚的準備。以準新娘來說，護膚療程以一個月前開始最恰當。如果想接受醫學美容的美膚治療，最好是在三個月前就要和醫師溝通好，才能有充裕的時間準備。

如果明天突然有臨時的場合，需要緊急為肌膚加油打氣，最好的方法是把慣用品牌的面膜，分別在前一天晚上和隔天起床，用正常方法使用一次。

迷思5 面膜敷得愈久就愈有效嗎？

敷面膜已經成為全民最火紅的保養運動，依據不同的保養需求，目前市面上的面膜，大致可以分成深層清潔、保濕、美白、抗皺四大類，如果依據材料的不同，可以分成泥膏型、濕巾型、面霜型、生物纖維面膜這四幾大類。目前最風行的是濕巾型的面膜，生物纖維面膜則有後來居上之勢。每當需要肌膚急救保養時，面膜就被當成急救仙丹。怎麼正確使用，敷出好膚質，考驗著每個「膜女」的智慧。

小美雖然敷的是平常就在使用的面膜，但因為已經替皮膚先用海泥面膜做了深層清潔，換句話說是做了一次老舊角質的更新，這個時候皮膚已經變的比較脆弱，雖然去角質可以加強後續保養品的吸收，但是相對來講，也是提高了某些刺激性成分的吸收，檢查小美帶來的面膜外包裝成分說明，這款美白面膜含有果酸成分，也許就是導致刺激過敏的成分。

在門診，遇到敷臉敷出問題的病人時，大多都是使用濕巾型面膜的美人，我想除了因為濕巾型面膜使用的人最多，所以夜路走多見鬼的機會也多之外，跟很多人以為：「敷臉敷越

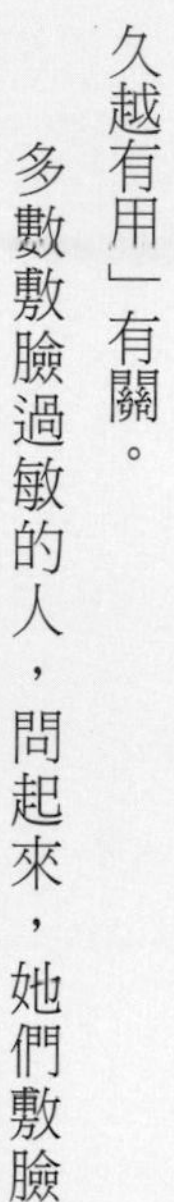

久越有用」有關。

多數敷臉過敏的人，問起來，她們敷臉的時間都長達30分鐘以上，還有人是敷著臉睡覺的，結果本來應該保濕的面膜，敷著敷著就變乾了，最後連臉也乾掉了，這時候脫皮和敏感就找上門了；也有的人因為面膜敷久了，面膜中的水分蒸發了，面膜上的成分相對濃度增加，反而造成刺激性皮膚炎。所以要記得哦，敷臉有時間限制，最多不超過20分鐘，否則可能愈弄愈糟糕。

建議大家不要在去角質後敷面膜。如果一定要敷的話，敷臉時間不能超過平常的時間，最好是縮短時間。

lesson 3

愈吃愈年輕 飲食也可以抗老化

要有健康、漂亮的肌膚，光靠瓶瓶罐罐的保養還不夠，想要幫助肌膚抗老化，日常的飲食非常重要。我記得有一陣子大家看到有些人皮膚很好，會笑稱「你是不是每天喝歐蕾啊」，指的就是皮膚好到簡直就像把保養品直接喝進肚子裡去，但說真的，外用的保養品可以美化我們的肌膚，平常攝取的營養更是有學問，只要吃對食物，根本不必喝歐蕾！

無皺紋飲食計畫

1、正確觀念 吃出美白

要美白，每天至少得吃三種蔬菜水果，而且要挑「色彩鮮豔的蔬菜水果」來吃。因為顏色鮮明的蔬果，通常含有豐富的維他命與抗氧化物，美膚的效果要比灰頭土臉的食物來的好。所以看到大紅的蕃茄、黃橙橙的柳丁、鮮綠色的花椰菜，就知道它們正用色彩鮮豔的身體語言告訴你：「我是上等的美膚食物，快來吃我吧！」另外含有豐富維他命C的蔬果，也是美白的優選如：草莓、蕃茄、芭樂、奇異果、櫻桃、藍莓、紅柿、楊桃、菠菜、青椒、芥菜、綠茶等，想美白的人，不妨多吃一點。

但是，有沒有什麼東西是不能吃的呢？實際上的確是有些東西不能吃太多，我整理出下面幾點，想美白的話就要特別注意，免得愈吃愈黑喔！

❶少吃牛肉、羊肉、豬肉、內臟、雞肉、火雞肉、鴨肉

這些食物含有豐富的兩種氨基酸「酪胺酸」及「苯丙胺酸」，這兩種氨基酸，是形成黑色素的主要營養素，不宜吃過量，否則黑色素的製造原料一多，容易使皮膚變黑，所以海鮮類是比較安全的食物。

❷紅蘿蔔、木瓜含高量的β胡蘿蔔素

吃太多會導致皮膚發黃，β胡蘿蔔素可以轉換成維他命A，具有良好的抗氧化效果，但是吃太多反而會使皮膚發黃，所以紅蘿蔔和木瓜，可以吃但不要過量，炒菜時加一點紅蘿蔔配色即可，但是每天喝好幾杯紅蘿蔔汁就有點過頭了。

❸處理檸檬、芹菜、胡蘿蔔、九層塔之後要記得洗淨雙手

這些食材含有光敏感的物質，如果沒有清洗乾淨殘留在手上，照射到陽光時會導致皮膚發紅過敏，還會留下色素沈澱呢。

我們臨床上常遇到擠完檸檬汁之後，結果弄得滿手黑黑的病人，就是因為擠了檸檬，事後沒有把手洗乾淨又照射到陽光造成的。那是不是吃這些食物皮膚也容易變黑呢？基本上只要白天有防曬就沒有關係，攝取適量不要大量就好。

2、優質蛋白質這樣吃

好的蛋白質對皮膚相當重要，它可以讓你的肌膚從內美到外，讓你的氣色非常好。

以動物性蛋白質來說，魚肉、海鮮比較好，紅肉（如牛肉）會有飽和脂肪酸，相對比較不利於健康。吃素的人沒辦法吃到肉類的蛋白質，但是仍可以攝取植物性蛋白質，像是豆腐、豆漿等等。所以，優質蛋白質的攝取原則，以植物性的蛋白質最好，如果要攝取肉類，則是魚肉最好，其中又以深海魚最好，不知道怎樣吃的話可以多吃鮭魚；海鮮類也很不錯，若擔心膽固醇高就避開蝦子跟螃蟹；其次是家禽類的肉類，最差的則是紅肉。

3、優質脂肪這樣吃

很多女性為了怕胖，對含脂肪的食物避之唯恐不及，其實就皮膚來說，這是大錯特錯的觀念！雖然飲食裡面最容易在體內產生自由基的營養成分就是脂肪，但是要讓皮膚看起來有彈性，適當攝取好的肪是一定要的，而要如何攝取，也有它的學問在。

脂肪分成「不飽和脂肪酸」和「飽和脂肪酸」，飽和脂肪酸就是在室溫底下看起來是固體的，一般動物性的脂肪如牛油、豬油，還有植物油中的椰子油，都是固態。飽和脂肪酸是比較不好的脂肪酸，盡量不要吃比較好，它除了容易造成心臟血管的疾病，也比較容易造成自由基的產生，一旦自由基產生，人就容易老化，皮膚看起來自然不漂亮。

比較好的脂肪是不飽和脂肪酸，它又叫做「必需脂肪酸」，所謂的「必需脂肪酸」，就是人體沒有辦法自行製造，必須從食物中攝取。不飽和脂肪酸大部分存在於魚類裡面，所以建議可以多吃魚，魚除了有優良的脂肪酸，也有優良的蛋白質。不飽和脂肪酸又有omega-3跟omega-6兩群，omega-3脂肪酸大部分都存在於深海魚裡頭，而omega-6脂肪酸則大部分存在於植物油裡面。

雖然有好一陣子大家都鼓勵多吃植物油，但其實omega-6植物油的某些特性，因為與氧結合的速度非常快，比如：玉米油、花生油、葵花油、芝麻油、核桃油，還是容易造成自由基的產生，甚至比飽和脂肪酸造成的膽固醇對健康的危害更大，所以不必刻意吃上述這些植物油。建議大家選擇不飽和脂肪酸時，以純度比較高的橄欖油為上選，另外再加上深海魚油，這樣對身體最好。

4、正確的醣類攝取

「無皺紋飲食計畫」就是希望健康長壽、擁有好氣色，好氣色不只要靠好的蛋白質跟脂肪，攝取足夠的醣類也很重要。一個均衡良好的飲食，醣類、蛋白質和脂肪的比例是4:3:3，醣類不是只要吃到就好，還要吃到好的醣類。

任何醣類食物進入消化道之後，就會被分解成單糖，才被腸壁吸收進入血液。決定一個醣類食物對身體的好與壞，是以它們被吸收到血液裡的速度來決定，吸收速度快的表示容易進入血液，產生較大的胰島素反應，屬於較差的醣類，像是麵包、飯等，而蔬菜水果則屬於低胰島素反應的食物，是最適合無皺紋飲食計畫食用的醣類（除了：香蕉、芒果、木瓜、紅蘿蔔、玉米）。甜甜圈、蛋糕、冰淇淋、糖是醣類，但卻是不好的醣類，好吃的代價就是讓我們老化得更快。

5、抗老功臣的營養素

❶抗氧化維生素

以維生素來說，最具抗氧化效果的包含β胡蘿蔔素、維生素C和維生素E。β胡蘿蔔素是非常有效的抗氧化劑，它擅長捕捉氧自由基，能在肝臟中轉換成維生素A，而且只在身體需要時才會進行轉換，所以攝取高量的β胡蘿蔔素並不會產生副作用，只是容易讓皮膚變黃。另外血液中含有較高濃度的β胡蘿蔔素，罹患癌症的機率較低，對細胞膜也有保護的作用。含β胡蘿蔔素的食物，以深黃、橘紅及深綠色的蔬果含量最多，像是南瓜、茼蒿、油菜、芒果、胡蘿蔔等。

另外維生素C，能增強體內免疫力、抗氧

化能力、消除自由基。維生素C含量豐富的食物，你看得到的深綠色食物都是，而水果類有芭樂、柳丁、葡萄柚、芒果、柚子、莓類等。因為維生素C是水溶性，容易在食物刀切、烹煮的過程中流失，所以一般注重健康的料理方法，就是燙熟馬上吃，甚至生吃不加熱。

另外一個重要的維生素，就是維生素E。維生素E是人體最重要的脂溶性抗氧化維生素，可以避免細胞膜的脂肪酸被自由基氧化，對於極易被氧化的紅血球、蛋白分子，可以提供強大的保護作用。另外它還可以避免低密度脂蛋白（LDL）的氧化，對維護眼睛、肺部、皮膚、肝臟和動脈的健康非常有幫助。

含維生素E的食物也不少，包含胚芽、全穀類、豆類、地瓜及綠色蔬菜等，都是維生素E的來源。

❷抗氧化礦物質：銅、硒、鋅

以銅來說，銅是許多蛋白質和酵素的重要成分，特別對SOD（超氧化物歧化酵素）的形成有促進作用，是抗氧化成分之一。另外銅可以幫助鐵的吸收，它也是骨骼形成的重要成分之一，還可以幫助毛髮和皮膚生長。食物中銅含量較高的包括肉類、豆類、堅果、葡萄乾、香菇等。

硒也是可以解除過氧化氫的潛在傷害，進而保護細胞和血液免受自由基侵害的重要成分。它對免疫力的提昇有很大的幫助，尤其對老年人、素食者和後天性免疫不全症（AIDS）患者特別重要。另外它還能幫助去除致癌物的毒性，以及促使癌前細胞死亡。食物中大蒜、洋蔥、海產類、全穀類，都是硒的來源。

鋅也是重要的抗氧化礦物質之一，在體內100種的酵素中，都有鋅的存在，是維持生命的必須物質。鋅是SOD的促進因子，並且能強化SOD的活性，它對DNA的合成和細胞的分裂非常重要，還有助於免疫力的提昇。食物中含豐富鋅的包含肉類、海產、牛奶、蛋、大豆、花生等。

美膚 Q&A

Q 如何選擇讓皮膚漂亮的食物？

A：建議大家可多攝取下列食物，會讓你變漂亮哦！

各式天然蔬果

天然蔬果是最佳的抗氧化物來源，你可以選擇色彩比較豐富的來吃，像是紅色、橘色及綠色的蔬菜、水果。綠色蔬菜我推薦十字花科類，像是花椰菜、包心菜、甘藍菜等，它們有非常豐富的抗氧化物，也有防癌的效果；紅色的像是蕃茄、紅蘿蔔等；橘色的則是柑橘類，它們擁有豐富的維生素。

大蒜、洋蔥

自古以來，大蒜和洋蔥一直是備用為治病的主要食材。大蒜含有兩百種以上的營養素，很多研究報導也都指出它能降低壞的膽固醇，也是清除自由基的好幫手。大蒜和洋蔥也被證實有防止腸胃道癌症的功效，有大腸癌家族病史的人，建議可以多吃。

綠茶

所有飲料中，最具抗氧化作用的就是茶了。而茶類中的綠茶含有最豐富的多酚，因為它沒有經過發酵，具有最好的抗氧化效果，如果是經過發酵的紅茶，抗氧化效果就只有綠茶的10％。

黃豆類

黃豆含有豐富的植物性荷爾蒙，尤其對停經的婦女很有幫助。黃豆製品像是豆腐、味噌、豆漿等都非常容易取得，可延緩老化，是非常不錯的食物。

魚類

魚肉提供了豐富的優質蛋白質及不飽和脂肪酸，可以增加皮膚的彈性和減緩老化。建議吃巴掌大小的魚，因為大型魚是食物鏈末端，可能吃進比小魚多的環境毒素。

Lesson 4

健康長壽的生活型態

想要對抗老化，可不是短期的抗戰而已！健康、長壽的生活型態，要從年輕就開始建立起來。只要遵照下面的生活守則，要抗老一點都不難喔！

年輕十歲的生活守則

守則①：維持理想體重，拒絕肥胖

根據統計，40％肥胖者的存活壽命是體重正常的人的一半，肥胖與許多疾病也確定有息息相關，像是糖尿病、高血壓、高血脂、中風、心臟病等。

維持理想的體重，除了外型看起來會比較年輕之外，最重要的是也能維持身體的正常功能。

守則②：避免意外傷害

這裡指的是會影響生命的意外傷害，如車禍、頭部外傷。因此注意自己的工作環境和生活環境的安全，比如：絕不酒後開車、進入工地要做好頭部防護措施，不到危險的地方等，來減少意外傷害的發生機率，以免英年早逝。

守則③：不抽菸，拒絕二手菸

香菸含尼古丁，它產生的有害無質會加速身體的老化，這也是為什麼老菸槍的皮膚多半泛黃、無光澤、無彈性。另外，吸二手菸的害處不亞於直接抽菸，也要盡量避免。

守則④：補充綜合維他命

現代人多外食，營養不均衡的情況是常

態。如果沒有辦法天天五蔬果的話，一天補充一粒綜合維他命，可以幫你補充不夠的營養素！

守則⑤：使用抗氧化劑

抗氧化劑能在氧氣和自由基產生反應前先和自由基作用來抑制這些改變，在食物中添加抗氧化劑及補充抗氧化劑，可以幫助身體對抗會讓我們老化的自由基。抗氧化劑如：維他命E。

守則⑥：注意飲水的品質

大家都知道水要多喝，但水的品質也很重要，品質不良的水，多喝也是無益。除了每天至少飲水1500C.C.，最理想的飲水方法是每天的早、中、晚三餐進餐前半小時喝一杯水，只要感到口渴，就應當馬上補充水分。

另外水進入消化系統需要15分鐘的，所以運動前一定要補充足夠的水分，才不會感到缺水。

守則⑦：經常動腦，預防老年痴呆症

要延緩腦部老化、預防老年痴呆症，最重要的就是經常動腦。經常動腦可以常保腦部的活化，這包括了持續的學習、適量的工作、參與社交活動、與人對話等。

守則⑧：淺酌紅酒

紅酒含有大量的紅酒多酚，是一種強力的抗氧化劑，進而預防心臟病。淺酌紅酒（如：睡前一杯）可以為健康帶來好處。

守則⑨：擦上防曬乳液

很多人以為防曬不重要，反正曬黑就曬黑了，沒什麼關係。但事實上防曬乳液可以阻隔紫外線對肌膚的傷害，也可以預防皮膚癌的生成，絕對不單單只是減少曬黑的問題。

紫外線的傷害會讓皮膚產生自由基，加速我們的老化，所以應該從現在起就養成擦防曬乳液的習慣。

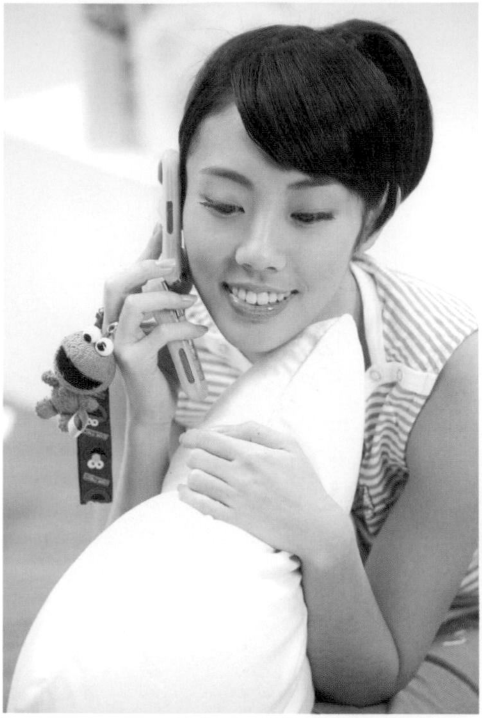

守則⑩：盡量不要使用手機

手機電磁波對人體的傷害雖然還未得到證實，但研究已有不少負面的影響，可以的話，盡量不要使用手機，以市內電話來代替長時間手機通話會更健康。

守則⑪：經常開懷大笑

大笑可以減少壓力荷爾蒙，使干擾素明顯增加，刺激免疫功能，免疫細胞因此變得更加活躍。大笑10秒鐘，心跳的增加幅度相當於10分鐘划船運動；笑1分鐘可以讓身體獲得45分鐘的放鬆。甚至有人成立「愛笑俱樂部」，就是在推廣經常大笑的健康好處！

守則⑫：減壓養生，維持悠閒步調

不少婦產科醫師都建議，要有良好的更年期健康品質，從30歲開始就要維持養生、減壓的生活。除了吃得營養清淡，不要長時間處於高度壓力也是極為重要的課題，可以防止老化，讓自己看起來更年輕。

守則⑬：交些好朋友，維持社交活動

維持良好的社交活動，除了可以讓人受到更多的刺激，大腦不易僵化之外，根據研究顯示朋友多的人還不容易感冒呢！而且擁有良好的社交關係的人有利於對抗壓力，免疫功能也比內向的人好20%。

守則⑭：每晚睡個好覺

習慣性熬夜，或是睡眠品質不好，加上白天需要工作，都會導致體力透支，長期下來對

健康是一種很大的耗損。除了每天要睡足八小時，固定晚上11點左右上床，維持正常作息之外，不要帶著緊張的思緒進入睡眠，每晚睡個好覺，也是非常重要的。如果有睡眠障礙，可以找精神科醫師處理，得到專業的治療。

守則⑮：絕對要『性』福哦

性生活也算一種中度運動，而規律的性生活可以預防心血管疾病。一項醫學研究顯示：性生活美滿的人不但健康、年輕，更可大大降低心血管疾病的發生率，所以保有「性」福的生活，不但能增強免疫力，還可以防老，也會讓人變得更有自信。

守則⑯：自私一點對自己好一點

很多人把自己的時間和心力奉獻給工作、家庭，卻忘了對自己付出。太過勞心勞力不但身體是個負擔，也往往年輕了別人，卻老了自己。疲累時找個時間遠行一趟、偶爾買點喜歡的東西犒賞自己，都是不錯的方法。

運動可年輕肌膚

我常常會鼓勵我的病人多運動，很多人就會問我，李醫師，運動和皮膚漂不漂亮有什麼關係？事實上可是大有關係呢！

曾經有個研究將運動員的皮膚與一般人的做比較，發現運動員皮膚的真皮層較厚，相對來說它的膠原蛋白和彈性蛋白就會比較多，這也是為什麼運動員看起來總是容光煥發，比較年輕的原因。

運動還有一個好處，就是它會產生運動荷爾蒙，讓生長激素和腦內啡增加。生長激素就是年輕的荷爾蒙，隨著年紀增長會慢慢下降；而腦內啡的分泌可以使我們情緒愉快，所以運動的好處真的很多，不但可以防止老化，也能防止憂鬱。

無論是皮膚的保養還是維持健康的生活型態，除了有正確的觀念之外，最重要的還是持之以恆。我一直提醒自己要做到，希望我們一起努力！

Super Facial

Ultimate Skincare Technology - Hydrating Sun Protection Cream